陕西地区重点关注的
进出境植物检疫性有害生物图谱

总主编　应小莉

主编　魏迪功　梁靓　张莉　李毅然　高翔

西北农林科技大学出版社

图书在版编目（CIP）数据

陕西地区重点关注的进出境植物检疫性有害生物图谱 /
魏迪功等主编. —杨凌：西北农林科技大学出版社，2020.12
ISBN 978-7-5683-0919-6

Ⅰ.①陕…　Ⅱ.①魏…　Ⅲ.①植物虫害—植物检疫—
国境检疫—陕西—图谱　Ⅳ.①S412-64

中国版本图书馆CIP数据核字（2020）第271353号

陕西地区重点关注的进出境植物检疫性有害生物图谱

魏迪功　梁　靓　张　莉　李毅然　高　翔　**主编**

出版发行	西北农林科技大学出版社
地　　址	陕西杨凌杨武路3号　　　**邮　编**：712100
电　　话	总编室：029-87093195　发行部：029-87093302
电子邮箱	press0809@163.com
印　　刷	西安浩轩印务有限公司
版　　次	2020年12月第1版
印　　次	2020年12月第1次印刷
开　　本	787mm×1 092mm　1/16
印　　张	4.625
字　　数	120千字

ISBN 978-7-5683-0919-6

定价：32.80 元

本书如有印装质量问题，请与本社联系

《陕西地区重点关注的进出境植物检疫性有害生物图谱》
编委会

总主编
应小莉

主 编
魏迪功 梁 靓 张 莉 李毅然 高 翔

编委（按姓氏笔画排序）

马小利 马双民 马 越 孔敏敏 乔 科
牟文彬 李卫民 肖红文 员丽娟 张 波
胡银满 贾明贵 徐小军 徐永奇 高文杰
高 敏 郭 虎 唐明远 童普升

序　言

　　党的十九届五中全会提出，要"坚持总体国家安全观，实施国家安全战略，维护和塑造国家安全，统筹传统安全和非传统安全，把安全发展贯穿国家发展各领域和全过程"。国门安全是总体国家安全的重要组成部分，国门生物安全关系到生态文明建设。

　　2020年4月，习近平总书记来陕考察时强调，保护好秦岭生态环境，对确保中华民族长盛不衰、实现"两个一百年"奋斗目标、实现可持续发展具有十分重大而深远的意义，嘱托陕西干部要当好"秦岭生态卫士"。海关总署要求我们筑牢国门安全防线，构建国门安全防控体系，建设动植物检疫治理体系，在全面筑牢国家安全屏障上展示新作为。作为地处三秦大地的西安海关，我们一定要坚决贯彻习近平总书记重要讲话和重要指示批示精神，落实总体国家安全观，弘扬伟大的抗疫精神，毫不松懈筑牢口岸检疫防线，以守土有责、守土担责、守土尽责的精神切实保护好 "中华祖脉、中央水塔"大秦岭，保护好陕西农林安全和生态安全。

2020年初，突如其来的新冠肺炎疫情席卷全球，守护国门安全的海关人奋战在抗疫一线。在这场没有硝烟的战斗中，西安海关坚守国门、连续作战，以绝对忠诚和绝对专业的精神筑牢口岸检疫防线，为陕西口岸"外防输入"做出骄人成绩，实践了"国门有我、山河无恙"的庄严承诺。

如同当前仍在肆虐的新冠病毒一样，全球范围各种动植物疫情疫病也无时无刻叩击着国门，威胁我们的农业安全、生态安全和人民健康。1845年爱尔兰爆发的马铃薯晚疫病，就导致至少100万人饥饿死亡，100万人远走美洲另谋生计；2018年在我国发生的非洲猪瘟，给我国生猪产业带来巨大冲击，人民群众的餐桌直接受到影响；美国白蛾、松材线虫已给陕西带来巨大损失，威胁仍在持续；还有在我国周边国家造成危害的草地贪夜蛾、沙漠蝗……这些如同长鸣的警钟，警醒我们时刻要紧绷国门生物安全这根弦。

维护国门生物安全要靠法治，更要靠知识、靠科技。新海关职能拓宽，一线查检人员业务面拓展，肩负责任更大。特别是检疫工作，需要不断学习积累动植物检疫知识，需要不断积累实践经验，练就一双透过现象看本质的"法眼"和一身"望闻问切"的真本事，才能让那些藏在树皮下、夹层中，融在血液中、内脏里，躲在缝隙中、角落里，混在粮堆中、果箱里……的各类有害生物无法遁形，成就绿色"铁甲卫士"的真功。

在西安海关全面推进"五关"建设、不断筑牢陕西口岸检疫防线的形势下，我欣喜地看到《陕西地区重点关注的进出境植物检疫性有害生物图谱》成书出版，这本图谱虽然囊括的检疫性有害生物不够全面，但较为实用，重点结合了检疫的实际，关注三方面有害生物：一是在进口货物的木质包装、木材中容易截获的检疫性有害生物，如美国白蛾、松材线虫等；二是陕西口岸从进口货物中截获频率比较高的检疫性有害生物，如菜豆象、假高粱等；三是陕西农产品出口国家重点关注的有害生物，如出口水果携带的山楂叶螨、食心虫等。这些有害生物都是一线查检人员应当掌握的基本知识，特别是对许多没有植物检疫专业背景，或缺少实践积累的工作人员，这本书既是技能速成的参考教材，又是日常查检工作可能用到的口袋书。

建设社会主义现代化新海关，面临的形势将更加复杂，承担的职责更加繁重，维护国门安全的任务更加艰巨。惟其艰难，更显勇毅。让我们不负时代、不负昭华，只争朝夕、与时并进，强化学习，磨炼过硬本领，为守护国门安全和生态文明建设做出新的更大贡献！

西安海关关长、党委书记

2020年12月于西安

目 录

CONTENTS

1

第三章　入境水果类

第四章　出境水果类

第一章 林木类

1 松材线虫（*Bursaphelenchus xylophilus*）

学　名：*Bursaphelenchus xylophilus*（Steiner & Buhrer，1934）Nickle，1937

英文名：Pine wilt disease

异　名：*Aphelenchoides xylophilus* Steiner & Buhrer，1934；*Bursaphelenchus lignicolus* Mamiya & Kiyohara，1972

分　布：原产北美洲。在国外主要分布于日本、朝鲜、韩国、美国、加拿大、墨西哥、葡萄牙、西班牙、俄罗斯、印度尼西亚等国。在我国于1982年在南京市中山陵首次发现，后又相继在江苏、安徽、福建、山东、浙江、广东、贵州、江西、湖北、湖南、重庆等省（区）部分地区发生。

寄　主：冷杉、雪松、落叶松、云杉、白松、短叶松、红松、海松、糖松、光叶松、琉球松、马尾松、赤松、伞松、长叶松、黑松、矮松、云南松、花旗松等。

形态特征：雌雄虫均呈蠕虫形，虫体细长，长约1 mm。唇区高，缢缩显著。口针细长，其基部微增厚。中食道球卵圆形，几乎充满体腔。食道腺细长叶状，覆盖于肠背面。排泄孔的开口大致和食道与肠交接处平行，半月体在排泄孔后约2/3体宽处。雌虫单卵巢；阴门约于虫体后部3/4，上覆以宽的阴门盖。雌虫尾亚圆筒形，末端宽圆至指状，少数有微小的尾尖突。雄虫交合刺大，弓状，成对，喙突显著，交合刺远端膨大如盘。雄虫尾似鸟爪，向腹面弯曲，尾端为小的卵状交合伞包裹。

进境植物检疫要求：《进口加拿大BC省原木植物检疫要求》关注的检疫性有害生物。

图1-1-1 蓝变菌引起的木材木质部变蓝①

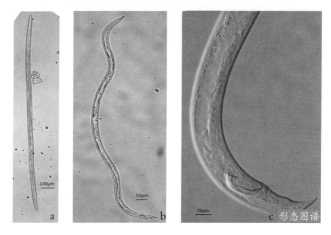

图1-1-2 松材线虫（a.雌虫b.雄虫c.雄虫交合刺）①

② 双钩异翅长蠹（*Heterobostrychus aequalis*）

学　名：*Heterobostrychus aequalis* (Waterhouse，1884)

英文名：Oriental wood borer；Kapok borer

* 图片来源：①中国国家有害生物检疫信息平台；②CABI数据库；③动植物检疫信息
资源共享服务平台；④网络

异　名：*Bostrichus aequalis* Waterhouse，1884；*Heterobostrychus uncipennis* Lesne，1895

分　布：原产东南亚。在国外分布于印度、印度尼西亚、马来西亚、菲律宾、泰国、斯里兰卡、越南、以色列、缅甸、尼泊尔、巴基斯坦、不丹、东帝汶、圣诞岛日本、巴布亚新几内亚、巴巴多斯、古巴、苏里南、马达加斯加、南非、尼日利亚、美国、塞舌尔、澳大利亚、德国、英国等国。

寄　主：白格、香须树、楹树、凤凰木、黄桐、合欢、海南苹婆、杧果、翻白叶、柳安、翅果麻、厚皮树、黄檀、青龙木、柚木、榆绿木、洋椿、榄仁树、大沙叶、黄牛木、山荔枝、箣竹、桑、龙竹、嘉榄、榆树、龙脑香属、橄榄属、省藤属、木棉属、琼楠属等众多阔叶树。

双钩异翅长蠹除危害上述寄主植物外，还可危害木材、竹材、藤材及其制品，也可危害人造板以及木质建筑材料。

形态特征：成虫圆柱形，红褐色至黑褐色，体长6.0～13.0 mm。头部黑色，具细粒状突起。上唇前缘密布金黄色长毛。雄虫每翅斜面两侧各有2个钩状突起，上面的1个较大，呈尖钩状，向上并向中线弯曲，下面的1个较小，无尖钩，仅稍隆起，雌虫两侧的突起仅微隆起，无尖钩。

进境植物检疫要求：《进口柬埔寨木薯干植物检验检疫要求》《进口马达加斯加木薯干植物检验检疫要求》。

图1-2　双钩异翅长蠹背、侧面观[①]

③ 红脂大小蠹（*Dendroctonus valens*）

学　名：*Dendroctonus valens* LeConte，1859

英文名：Red turpentine beetle

异　名：*Dendroctonus beckeri* Thatcher；*Dendroctonus rhizophagus* Thomas & Bright

分　布：在国外分布于洪都拉斯、加拿大、美国、墨西哥、危地马拉等国。

寄　主：针叶树。

形态特征：体圆柱形，长5.3～8.3 mm，红褐色。前胸背板长宽比为0.73，前缘呈微弱弓形，外缘后部2/3近平行，在靠近前缘部位中度缢缩，表面有光泽，前胸侧区刻点细小，不十分稠密。

进境植物检疫要求：《进口加拿大BC省原木植物检疫要求》关注的检疫性有害生物。

图1-3-1　红脂大小蠹蛀食树木后形成的凝脂块[1]

图1-3-2　红脂大小蠹背面观[1]

形态图谱

图1-3-3　红脂大小蠹侧面观[①]

4 光肩星天牛 (*Anoplophora glabripennis*)

学　名：*Anoplophora glabripennis*

英文名：Glabrous spotted willow borer

异　名：*Cerosterna glabripennis* Motschulsky；*Cerosterna laevigator* Thomson

分　布：在国外分布于美国、加拿大、奥地利、波兰、德国、法国、朝鲜、韩国、日本。

寄　主：槭、枫、苦楝、泡桐、榆、悬铃木、刺槐、苹果、梨、李、樱桃、樱花、柳、杨、马尾松、云南松、桤木、杉、青冈栎、桃、樟、枫杨、水杉、桑、木麻黄、黄桉、桦等树种。

形态特征：前胸背板毛斑、中瘤不显著，侧刺突较尖锐，弯曲。鞘翅基部光滑，无瘤状颗粒。鞘翅面白色毛斑大小及排列似星天牛，但更不规则，且有时较不清晰。足及腹面黑色，常密生蓝白色绒毛。

图1-4-1　光肩星天牛成虫取食植物造成的损伤②

图1-4-2　光肩星天牛成虫背面观②

⑤ 美国白蛾（*Hyphantria cunea*）

学　　名：*Hyphantria cunea*（Drury）

英文名：Fall webworm

异　　名：*Bombyx cunea* Drury；*Cycnia budea* Hubn

分　布：在国外分布于俄罗斯、乌克兰、波兰、捷克、斯洛伐克、匈牙利、奥地利、法国、意大利、前南斯拉夫、斯洛文尼亚、克罗地亚、波斯尼亚—黑塞哥维那、瑞士、罗马尼亚、希腊、加拿大、美国、墨西哥、朝鲜、韩国、日本、伊朗、土耳其等国。在国内分布于河北、辽宁、天津等省（市）部分地区。

寄　主：此虫属典型的多食性害虫。据报道可危害200多种林木、果树、农作物和野生植物，其中主要危害多种阔叶树。最嗜食的植物有桑、白蜡槭，其次为胡桃、苹果、楹桲、梧桐、李、樱桃、柿、榆和柳等树种。

形态特征：雄虫翅展23～35 mm，雌虫33～45 mm。头部密被白色长毛。雄虫触角双栉齿状，雌虫锯齿状。复眼大而突出，黑色，有单眼。下唇须小。喙短而弱。翅的底色为纯白色，雄虫前翅由无斑到有多数的暗褐色斑，雌虫翅无斑或斑点较少。

美国白蛾为我国进境植物检疫性有害生物。

图1-5-1　美国白蛾幼虫为害叶片

图1-5-2 美国白蛾幼虫形成网幕

图1-5-3 美国白蛾成虫

*

第二章　粮食类

*

1 小麦矮腥黑穗病菌（*Tilletia controversa*）

学　名：*Tilletia controversa* Kühn

英文名：Dwarf bunt of wheat

异　名：*Tilletia breuifaciens* G. W. Fisch

分　布：在国外分布于日本、巴基斯坦、阿富汗、亚美尼亚、乌兹别克斯坦、土库曼斯坦、塔吉克斯坦、吉尔吉斯斯坦、哈萨克斯坦、格鲁吉亚、阿塞拜疆、伊朗、伊拉克、叙利亚、土耳其、俄罗斯、丹麦、瑞典、波兰、捷克、克罗地亚、卢森堡、摩尔多瓦、斯洛伐克、斯洛文尼亚、乌克兰、匈牙利、德国、奥地利、瑞士、比利时、法国、西班牙、意大利、前南斯拉夫、罗马尼亚、保加利亚、阿尔巴尼亚、希腊、阿尔及利亚、利比亚、突尼斯、澳大利亚、加拿大、美国、阿根廷、乌拉圭等国。

寄　主：主要危害小麦、也侵染大麦、黑麦等禾本科18个属的植物，包括山羊草属、冰草属、剪股颖属、看麦娘属、燕麦草属、荩草属、雀麦属、鸭茅属、野麦草属、羊茅属、绒毛草属、大麦属、落草属、黑麦草属、早熟禾属、黑麦属、小麦属、三毛草属。

形态特性：冬孢子球形至近球形，黄褐色至暗褐色，直径16～25 μm，平均19.9 μm，孢子外壁为多角形的网状花纹（偶有脑纹状的），网脊高1.5～3 μm，网眼大3～5 μm，孢子有胶质鞘，厚1.5～4 μm。

进境植物检疫要求：《进口阿根廷大麦植物检疫要求》《进口丹麦大麦植物检验检疫要求》《进口哈萨克斯坦大麦植物检疫要求》《进口蒙古国大麦植物检验检疫要求》《进口乌克兰大麦植物检验检疫要求》《进口俄罗斯小麦植物检验检疫要求》《进口哈萨克斯坦小麦粉检验检疫要求》《进口哈萨克斯坦小麦植物检验检疫要求》《进口吉尔吉斯共和国小麦粉检验检疫要求》《蒙古国小麦输华植物检疫要求》《进口塞尔维亚小麦植物检疫要求》《进口匈

牙利小麦植物检疫要求》。

图2-1-1　小麦矮腥黑穗病[1]

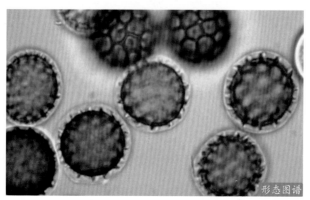

图2-1-2　小麦矮腥黑穗病菌冬孢子[1]

2 小麦印度腥黑穗病菌（*Tilletia indica*）

学　名：*Tilletia indica* Mitra

英文名：Karnal bunt of wheat；Indian bunt of wheat

异　名：*Neovossia indica* (Mitra) Mundk.

分　布：在国外分布于美国、南非、巴西、尼泊尔、印度、巴基斯坦、阿富汗、伊拉克、伊朗、墨西哥等国。

　　寄　主：小麦、小黑麦、单粒小麦、担莫非氏小麦、山羊草属、耐酸草、旱雀麦、黑麦草、多花黑麦草、硬粒小麦。

　　形态特征：病原菌的冬孢子成熟时呈褐色至深褐色，球形至近球形，直径25～43 μm（或20～49 μm），平均35 μm。

　　进境植物检疫要求：《进口蒙古国大麦植物检验检疫要求》《进口俄罗斯小麦植物检验检疫要求》《进口哈萨克斯坦小麦粉检验检疫要求》《进口哈萨克斯坦小麦植物检验检疫要求》《蒙古国小麦输华植物检疫要求》。

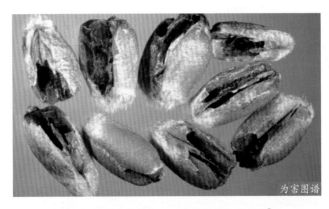

图2-2-1　小麦印度腥黑穗病菌感染的麦粒[①]

图2-2-2　小麦印度腥黑穗病菌冬孢子[①]

3 大豆疫病病菌（*Phytophthora sojae*）

学　名：*Phytophthora sojae* Kaufmann&Gerdemann

英文名：Soybena blight；Phytophthora root rot of soybean

异　名：*Phytophthora megasperma* Drechsler var.sojae Hildeb.；
Phytophthora sojae f.sp. glycines Faris et al.

分　布：在国外分布于俄罗斯、匈牙利、德国、英国、法国、瑞典、瑞士、意大利、斯洛伐克、乌克兰、斯洛文尼亚、瑞士、澳大利亚、新西兰、加拿大、美国、埃及、南非、尼日利亚、巴西、阿根廷、智利、保加利亚、波兰、日本、韩国、巴基斯坦、伊朗、以色列、印度等国。在国内分布于河南、黑龙江、内蒙古、新疆、安徽、福建等省（市）部分地区。

寄　主：大豆、羽扇豆属、菜豆、豌豆等。

形态特征：大豆疫病病菌在PDA培养基上生长缓慢，菌落形态均匀，气生菌丝致密，幼龄菌丝体无隔多核，分枝大多呈直角，在分枝基部稍有溢缩，菌体老化时生隔膜，并形成结节状或不规则的菌丝体膨大，膨大呈球形、椭圆形，大小不等。菌丝体宽3～9 μm。

进境植物检疫要求：《中华人民共和国海关总署与俄罗斯联邦兽医和植物检疫监督局关于〈俄罗斯玉米、水稻、大豆和油菜籽输华植

图2-3-1　大豆疫病病菌感染的植株[①]

物检疫要求议定书〉补充条款》《进口俄罗斯大豆、玉米、水稻及油菜籽植物检验检疫要求》《进口乌克兰大豆植物检验检疫要求》。

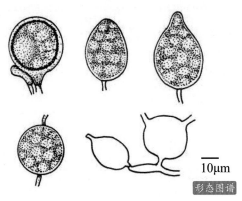

10μm

形态图谱

图2-3-2　大豆疫病病菌[①]

④ 小麦基腐病菌（*Pseudocercosporella herpotrichoides*）

学　名：*Pseudocercosporella herpotrichoides* (Fron) Deighton

英文名：Eye spot；Foot rot；Strawbreaker

异　名：*Tapesia yallundae* var. acuformis Boerema，R. Pieters & Hamers；*Cercosporella herpotrichoides* Fron

分　布：在国外分布于白俄罗斯、俄罗斯、保加利亚、波兰、丹麦、挪威、瑞典、德国、荷兰、比利时、英国、法国、芬兰、捷克、意大利、奥地利、爱尔兰、智利、突尼斯、南非、摩洛哥、澳大利亚、新西兰、加拿大、美国、日本、马来西亚、土耳其等国。

寄　主：小麦、大麦、黑麦、燕麦以及包括山羊草属、早熟禾属、冰草属、雀麦属、剪股颖属、看麦娘属、鸭茅属、羊茅属、毒麦属等多种禾草类。

形态特征：病原菌有2种类型的菌丝体，一种为营养菌丝，黄褐色，线状，有分枝；另一种暗色，厚壁，由膨大的多角形细胞构成，常在植株体表形成类似子座的菌丝团。分生孢子梗不分枝或罕有分枝，无色，基部略膨大，合轴式延伸。分生孢子细棍棒状，无色透明，多数5～7胞。

进境植物检疫要求：《进口丹麦大麦植物检疫要求》《进口芬兰大麦植物检验检疫要求》《进口蒙古国大麦植物检验检疫要求》《进口乌克兰大麦植物检验检疫要求》《进口英国大麦植物检验检疫要求》《进口澳大利亚小麦大麦植物检验检疫要求》《进口俄罗斯小麦植物检验检疫要求》《进口立陶宛小麦植物检疫要求》《蒙古国小麦输华植物检疫要求议定书》《进口塞尔维亚小麦植物检疫要求》《进口匈牙利小麦植物检疫要求》《芬兰输华燕麦植物检验检疫要求》《进口俄罗斯燕麦植物检疫要求》。

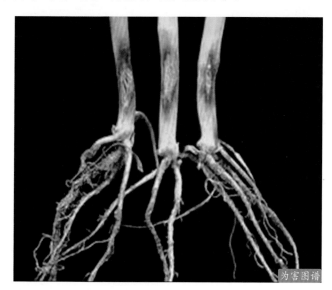

图2-4-1　小麦基腐病[①]

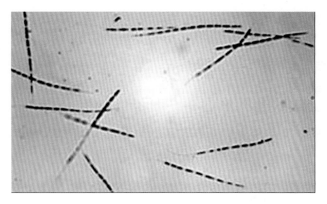

图2-4-2　小麦基腐病菌分生孢子[1]

⑤ 小麦叶疫病菌（*Alternaria triticina*）

学　名：*Alternaria triticina* Prasada & Prabhu，1963

英文名：Alternaria leaf Blight

异　名：*Alternaria brevispora* T.Y.Zhang

分　布：在国外分布于孟加拉国、以色列、黎巴嫩、尼泊尔、伊拉克、伊朗、巴基斯坦、土耳其、也门、印度、法国、希腊、马其顿、葡萄牙、意大利、埃及、尼日利亚、美国、加拿大、墨西哥、阿根廷、俄罗斯、澳大利亚等国。

寄　主：燕麦、大麦、黑麦、普通小麦、二粒小麦、圆

图2-5-1　小麦叶疫病[1]

锥小麦、芭蕉属。

　　形态特征：分生孢子多单生，初生分生孢子为窄长的卵形，后变为宽卵形或宽椭圆形。分生孢子具8～9个横隔，大多具纵隔，孢壁光滑。

　　进境植物检疫要求：《进口阿根廷大麦植物检疫要求》《进口蒙古国大麦植物检验检疫要求》《进口俄罗斯小麦植物检验检疫要求》《进口哈萨克斯坦小麦粉检验检疫要求》《进口哈萨克斯坦小麦植物检验检疫要求》《蒙古国小麦输华植物检疫要求议定书》。

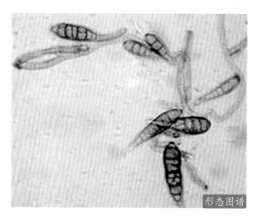

图2-5-2　小麦叶疫病菌分生孢子[①]

⑥ 假高粱（及其杂交种）[*Sorghum halepense*（L.）Pers.（Johnsongrass and its cross breeds）]

学　名：*Sorghum halepense* (L.) Pers.

英文名：Johnson grass

异　名：*Andropogon halepensis* Brot.

分　布：在国外分布于缅甸、泰国、菲律宾、印度尼西亚、印度、斯里兰卡、巴基斯坦、阿富汗、伊朗、阿拉伯半岛、伊拉克、黎巴嫩、约旦、以色列、俄罗斯、白俄罗斯、波兰、瑞士、法国、西班牙、葡萄牙、意大利、前南斯拉夫、罗马尼亚、保加利亚、希腊、摩洛哥、巴布亚新几内亚、马拉维、坦桑尼亚、莫桑比克、纳米比亚、南非、澳大利亚、新西兰、斐济、加拿大、美国、墨西哥、古巴、牙买加、亚速尔群岛、美拉尼西亚、波利尼西亚、密克罗尼西亚、危地马拉、洪都拉斯、尼加拉瓜、波多黎各、萨尔瓦多、多米尼加、哥伦比亚、委内瑞拉、秘鲁、巴西、玻利维亚、智利、阿根廷、巴拉圭等国。国内分布于海南、湖北、湖南、江苏、浙江、天津等省（区）部分地区。

形态特征：颖果倒卵形或椭圆形，暗红褐色，表面乌暗而无光泽，顶端钝圆，具宿存花柱。脐圆形，深紫褐色。胚椭圆形，大而明显，长为颖果的2/3。

进境植物检疫要求：《进口玻利维亚大豆植物检疫要求》《中华人民共和国海关总署与俄罗斯联邦兽医和植物检疫监督局关于〈俄罗斯玉米、水稻、大豆和油菜籽输华植物检疫要求议定书〉补充条款》《进口埃塞俄比亚大豆植物检验检疫要求》《进口玻利维亚大豆植物检疫要求》《进口俄罗斯大豆、玉米、水稻及油菜籽植物检验检疫要求》《进口哈萨克斯坦大豆植物检验检疫要求》《进口乌克兰大豆植物检验检疫要求》《进口乌拉圭大豆植物检验检疫要求》《进口阿根廷大麦植物检疫要求》《进口哈萨克斯坦大麦植物检疫要求》《进口韩国大米检验检疫要求》《进口缅甸大米检验检疫要求》《进口俄罗斯小麦植物检验检疫要求》《进口哈萨克斯坦小麦植物检验检疫要求》《进口塞尔维亚小麦植物检疫要求》《进口匈牙利小麦植物检疫要求》《进口阿根廷玉米植物检验检疫要求》《进口巴西玉米植物检验检疫要求》《进口保加利亚玉米植物检验检疫要求》《进口俄罗斯大豆、玉米、水稻及油菜籽植物检验检疫要求》《进口哈萨克斯坦玉米植物检疫要求》《进口墨西哥玉米植物检验检疫要求》《进口乌克兰玉米植物检疫要求》《进口乌拉圭玉米植物检疫要求》《进口阿根廷高粱植物检验检疫要求》《进口玻利维亚藜麦检验检疫要求》《进口俄罗斯燕麦植物检疫要求》《进口俄罗斯荞麦植物检疫要求》《进口秘鲁藜麦检验检疫要求》《进口乌兹别克斯坦绿豆植物检疫要求》。

图2-6-1　假高粱植株[①]

图2-6-2　假高粱种子[②]

7　黑高粱（*Sorghum almum*）

学　名：*Sorghum almum* Parodi

英文名：Columbus grass

异　名：*Sorghum almum* var. almum Parodi；*Sorghum almum* var. parvispiculum Parodi

分　布：在国外分布于南非、澳大利亚、美国、阿根廷等。

形态特征：颖硬革质，黄褐色、红褐色，大多显紫黑色，表面平滑，有光泽。稃片膜质透明，具芒或无芒。颖果卵形或椭圆形，栗色至淡黄色。

进境植物检疫要求：《进口埃塞俄比亚大豆植物检验检疫要

求》《进口哈萨克斯坦大豆植物检验检疫要求》《进口哈萨克斯坦大麦植物检疫要求》《进口哈萨克斯坦玉米植物检疫要求》《进口阿根廷高粱植物检验检疫要求》。

图2-7-1　黑高粱植株[①]

图2-7-2　黑高粱种子[①]

⑧ 刺茄（*Solanum torvum*）

学　名：*Solanum torvum* Swartz

英文名：Terongan；Wild tomato

异　名：*Solanum amoenum* Jungh.；*Solanum campechiense* Hort.Par.

分　布：在国外分布于美国、墨西哥、印度、印尼、缅甸、马来西亚、泰国、斯里兰卡、菲律宾、毛里求斯、刚果、喀麦隆、几内亚、尼日利亚、澳大利亚等国。

形态特征：刺茄浆果圆球状，直径1～1.5 cm。种子两侧扁平，盘状，长约2.5 mm，宽约1.6 mm。表面橘红或灰黄色，有粗网纹及小穴形成的细网纹。

刺茄为我国进境植物检疫性有害生物。

图2-8-1　刺茄植株[①]

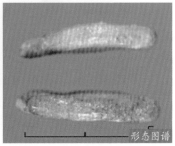

图2-8-2　刺茄种子[①]

9 蒺藜草（属）（非中国种）
Cenchrus spp.（non-Chinese species）

学　名：*Cenchrus* spp.

英文名：puncture vine

异　名：*Cenchrus cavanillesii* Tausch；*Cenchrus crinitus* Mez

分　布：分布于热带和温带地区，主要在美洲和非洲温带的干旱地区，印度、亚洲南部和西部、澳大利亚有少数分布。

形态特征：蒺藜草属属于禾本科，为一年生或多年生草本，通常低矮而具分枝，叶片扁平。总状花序顶生，小穗单生或少数聚生，无柄，外围以多数由刚毛状的不育小枝联合形成刺状总苞。谷粒通常肿胀，先端渐尖，种子在总苞内萌发。

进境植物检疫要求：蒺藜草（属）（非中国种）为我国进境植物检疫性有害生物。

图2-9-1　蒺藜植株[②]

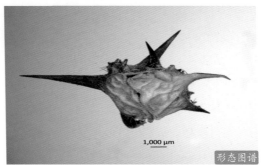

图2-9-2　蒺藜种子[3]

10 毒麦（*Lolium temulentum*）

学　名：*Lolium temulentum* L.

英文名：Poison ryegrass

异　名：*Bromus temulentus* Bernh.；*Craepalia temulenta* (L.) Schrank

分　布：在国外分布于韩国、日本、新加坡、菲律宾、印度、斯里兰卡、阿富汗、伊朗、伊拉克、黎巴嫩、约旦、以色列、土耳其、俄罗斯、波兰、德国、奥地利、英国、法国、法国、西班牙、葡萄牙、意大利、阿尔巴尼亚、希腊、埃及、突尼斯、摩洛哥、苏丹、埃塞俄比亚、肯尼亚、南非、澳大利亚、新西兰、加拿大、美国、墨西哥、哥伦比亚、委内瑞拉、巴西、智利、阿根廷、乌拉圭等国。在国内分布于甘肃、内蒙古、陕西、江苏、湖北、湖南、安徽、四川等省（区）部分地区。

形态特征：颖果卵圆形，背面圆形，腹沟宽而浅，果体绿褐色或深紫色。胚部近圆形或卵圆形。

进境植物检疫要求：《中华人民共和国海关总署与俄罗斯联邦兽医和植物检疫监督局关于〈俄罗斯玉米、水稻、大豆和油菜籽输华植物检疫要求议定书〉补充条款》《进口埃塞俄比亚大豆植物检验检疫要求》《进口俄罗斯大豆、玉米、水稻及油菜籽植物检验检疫要求》《进口哈萨克斯坦大豆植物检验检疫要求》《进口阿根廷大麦植物检疫要求》《进口哈萨克斯坦大麦植物检疫要求》《进口蒙古国大麦植物检验检疫要求》《进口乌拉圭大麦植物检疫要求》《进口英国大麦植物检验检疫要求》《进口澳大利亚小麦大麦植物检验检疫要求》《进口俄罗斯小麦植物检验检疫要求》《进口哈萨克斯坦小麦植物检验检疫要求》《进口立陶宛小麦植物检疫要求》《关于蒙古国小麦输华植物检疫要求议定书》《进口塞尔维亚小麦植物检疫要求》《进口俄罗斯燕麦植物检疫要求》《进口俄罗斯荞麦植物检疫要求》。

图2-10-1　毒麦植株[①]

图2-10-2　毒麦种子[③]

11 法国野燕麦（*Avena ludoviciana*）

学　名：*Avena ludoviciana* Dur.

英文名：Winter wild oat

分　布：在国外分布于英国、法国、希腊、保加利亚、西班牙、意大利、葡萄牙、伊朗、日本、缅甸、斯里兰卡、阿富汗、黎巴嫩、印度、巴基斯坦、埃塞俄比亚、肯尼亚、突尼斯、南非、埃及、阿尔及利亚、澳大利亚、新西兰、美国、墨西哥、阿根廷、秘鲁、乌拉圭、厄瓜多尔、巴西等国。

形态特征：颖果长椭圆形，长5～8 mm，宽1.5～1.6 mm，顶端钝圆，有茸毛，背面圆形，腹面较平，中央有一细纵沟，种脐不明显，淡褐色。

进境植物检疫要求：《进口埃塞俄比亚大豆植物检验检疫要求》《进口哈萨克斯坦大豆植物检验检疫要求》《进口哈萨克斯坦大麦植物检疫要求》《进口乌克兰大麦植物检验检疫要求》《进口澳大利亚小麦大麦植物检验检疫要求》《进口哈萨克斯坦小麦植物检验检疫要求》《进口俄罗斯大豆、玉米、水稻及油菜籽植物检验检疫要求》《进口哈萨克斯坦玉米植物检疫要求》《进口俄罗斯燕麦植物检疫要求》《进口俄罗斯荞麦植物检疫要求》。

图2-11-1　法国野燕麦植株①

图2-11-2　法国野燕麦（左：小穗　右：颖果）③

12 刺蒺藜草（*Cenchrus echinatus*）

学　名：*Cenchrus echinatus* L.

英文名：Southern sandbur

异　名：*Cenchrus cavanillesii* Tausch；*Cenchrus crinitus* Mez

分　布：在国外分布于哥伦比亚、秘鲁、委内瑞拉、古巴、危地马拉、牙买加、阿根廷、巴西、美国、夏威夷、巴拉圭、波多黎各、玻利维亚、智利、洪都拉斯、美拉尼西亚、墨西哥、新几内亚、斯里兰卡、菲律宾、泰国、马来西亚、缅甸、印度、巴基斯坦、匈牙利、尼日利亚、毛里求斯、澳大利亚等国。

形态特征：颖果长约2.5 mm，宽约1.8 mm，卵圆形，背腹压扁，淡黄褐色；胚部较大，种脐黑褐色。

进境植物检疫要求：《进口玻利维亚大豆植物检疫要求》《进口玻利维亚大豆植物检疫要求》《进口乌克兰大豆植物检验检疫要求》《进口乌拉圭大豆植物检验检疫要求》《进口阿根廷大麦植物检疫要求》《进口乌拉圭大麦植物检疫要求》《进口老挝大米检验检疫要求》《进口缅甸大米检验检疫要求》《进口巴西玉米植物检

验检疫要求》《进口哈萨克斯坦玉米植物检疫要求》《进口墨西哥玉米植物检验检疫要求》《进口乌克兰玉米植物检验检疫要求》《进口乌拉圭玉米植物检疫要求》《进口阿根廷高粱植物检验检疫要求》。

图2-12-1　刺蒺藜草植株[①]

图2-12-2　刺蒺藜草种子[③]

13 菟丝子属（*Cuscuta* spp.）

学　名：*Cuscuta* spp.

英文名：dodder

分　布：原产美洲，广泛分布于全世界暖温带地区。

形态特征：蒴果近球形，周裂或为不规则开裂，附有宿存的花冠。种子1～4粒不等。种子无毛，没有胚根和子叶。

进境植物检疫要求：《中华人民共和国海关总署与俄罗斯联邦兽医和植物检疫监督局关于〈俄罗斯玉米、水稻、大豆和油菜籽输华植物检疫要求议定书〉补充条款》《进口埃塞俄比亚大豆植物检验检疫要求》《进口俄罗斯大豆、玉米、水稻及油菜籽植物检验检疫要求》《进口哈萨克斯坦大豆植物检验检疫要求》《进口乌克兰大豆植物检验检疫要求》《进口哈萨克斯坦大麦植物检疫要求》《进口蒙古国大麦植物检验检疫要求》《进口立陶宛小麦植物检疫要求》《关于蒙古国小麦输华植物检疫要求议定书》《进口哈萨克斯坦玉米植物检疫要求》《进口俄罗斯燕麦植物检疫要求》《进口俄罗斯荞麦植物检疫要求》。

图2-13　田野菟丝子种子③

14 豚草属（*Ambrosia* spp.）

学　名：*Ambrosia* spp.

分　布：在国外主要分布于加拿大、墨西哥、美国、夏威夷、百慕大群岛、古巴、瓜德鲁普岛、马丁尼克岛、阿根廷、玻利维亚、巴拉圭、秘鲁、巴西、智利、危地马拉、牙买加、奥地利、匈牙利、德国、意大利、法国、瑞士、瑞典、俄罗斯、日本、澳大利亚、新西兰、毛里求斯等国。

形态特征：瘦果倒卵形，表面光滑，内含1粒种子，种子灰白色，倒卵形。胚大，无胚乳。

进境植物检疫要求：《进口玻利维亚大豆植物检疫要求》《中华人民共和国海关总署与俄罗斯联邦兽医和植物检疫监督局关于〈俄罗斯玉米、水稻、大豆和油菜籽输华植物检疫要求议定书〉补充条款》《进口玻利维亚大豆植物检疫要求》《进口俄罗斯大豆、玉米、水稻及油菜籽植物检验检疫要求》《进口哈萨克斯坦大豆植物检验检疫要求》《进口乌克兰大豆植物检验检疫要求》《进口乌拉圭大豆植物检验检疫要求》《进口阿根廷大麦植物检疫要求》《进口哈萨克斯坦大麦植物检疫要求》《进口蒙古国大麦植物检验检疫要求》《进口乌克兰大麦植物检验检疫要求》《进口乌拉圭大麦植物检验检疫要求》《进口澳大利亚小麦大麦植物检验检疫要求》《进口俄罗斯小麦植物检验检疫要求》《进口哈萨克斯坦小麦植物检验检疫要求》《进口立陶宛小麦植物检疫要求》《进口塞尔维亚小麦植物检疫要求》《进口匈牙利小麦植物检疫要求》《进口阿根廷玉米植物检验检疫要求》《进口巴西玉米植物检验检疫要求》《进口保加利亚玉米植物检验检疫要求》《进口哈萨克斯坦玉米植物检疫要求》《进口墨西哥玉米植物检验检疫要求》《进口乌克兰玉米植物检验检疫要求》《进口

图2-14-1 豚草植株[①]

乌拉圭玉米植物检疫要求》《进口阿根廷高粱植物检验检疫要求》《进口玻利维亚藜麦检验检疫要求》《进口俄罗斯荞麦植物检疫要求》《进口秘鲁藜麦检验检疫要求》。

图2-14-2　豚草种子[3]

15 苍耳属（非中国种）[*Xanthium* spp. (non-Chinese species)]

学　名：*Xanthium* spp. (non-Chinese species)

分　布：全球约25种，广布。

形态特征：总苞成熟后木质化，含有2瘦果（偶有1个），具刺和喙。

进境植物检疫要求：《进口乌克兰大豆植物检验检疫要求》《进口哈萨克斯坦大麦植物检疫要求》《进口埃及甜菜粕检验检疫要求》《进口加拿大谷物油籽检验检疫要求》《进口乌克兰甜菜粕检验检疫要求》《进口哈萨克斯坦玉米植物检疫要求》。

图2-15-1　意大利苍耳③

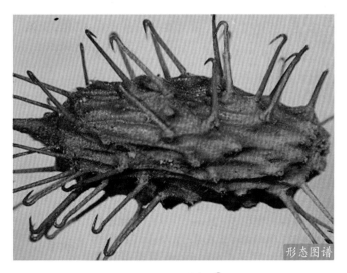

图2-15-2　刺苍耳③

16 列当属（*Orobanche* spp.）

学　名：*Orobanche* spp.

英文名：Broomrap

异　名：*Phelipanche* Pomel

分　布：主要分布于温带和亚热带地区。在国外蒙古、朝鲜、日本、希腊、埃及等国分布很广，美国及欧洲一些国家也有分布。在国内分布于新疆、吉林、甘肃、河北、陕西、山西、内蒙古等省（区）部分地区。

寄　主：可寄生70多种植物上，以葫芦科、菊科为主，也寄生于豆科、茄科、十字花科、伞形花科等其他各科植物上。

形态特征：种子有近圆形或椭圆形等不规则形态，深黄褐色至暗褐色。种皮表面凹凸不平，有条纹状背状突起和网状纹饰，有规则或不规则的网眼。

进境植物检疫要求：《进口俄罗斯大豆、玉米、水稻及油菜籽植物检验检疫要求》《进口哈萨克斯坦苜蓿草检验检疫要求》《进口美国苜蓿饲草卫生与植物卫生要求》《进口南非苜蓿草检验检疫要求》《进口苏丹共和国苜蓿草检验检疫要求》《进口意大利苜蓿草植物检疫要求》《进口坦桑尼亚烟叶植物检验检疫要求》《进口哈萨克斯坦玉米植物检验检疫要求》《进口乌克兰玉米植物检验检疫要求》《进口乌拉圭玉米植物检疫要求》《进口俄罗斯葵花籽植物检疫要求》《进口俄罗斯亚麻籽植物检疫要求》《进口乌克兰葵粕检验检疫要求》《进口乌克兰甜菜粕检验检疫要求》《进口俄罗斯荞麦植物检疫要求》《进口苏丹脱壳花生检验检疫要求》。

图2-16-1　埃及列当③　　　　　　图2-16-2　向日葵列当③

17 菜豆象（*Acanthoscelides obtectus*）

学　名：*Acanthoscelides obtectus*（Say）

英文名：Bean weevil

异　名：*Bruchus acanthocnemus* Jekel，1855；*Bruchus fabae Fitch*，1861

分　布：在国外分布于朝鲜、日本、缅甸、越南、泰国、阿富汗、土耳其、马来西亚、印度、以色列、伊拉克、格鲁吉亚、哈萨克斯坦、塔吉克斯坦、俄罗斯、波兰、匈牙利、德国、奥地利、瑞士、荷兰、比利时、英国、法国、西班牙、葡萄牙、意大利、前南斯拉夫、罗马尼亚、阿尔巴尼亚、保加利亚、捷克、斯洛伐克、卢森堡、希腊、尼日利亚、埃塞俄比亚、肯尼亚、乌干达、布隆迪、刚果、安哥拉、多哥、埃及、马拉维、毛里求斯、卢旺达、赞比亚、坦桑尼亚、塞内加尔、津巴布韦、摩洛哥、莱索托、澳大利亚、新西兰、巴布亚新几内亚、加拿大、美国、墨西哥、洪都拉斯、阿根廷、伯利兹、玻利维亚、巴西、哥伦比亚、哥斯达黎加、古巴、多米尼加、萨尔瓦多、瓜德罗普岛、危地马拉、圭亚那、尼加拉瓜、巴拉圭、秘鲁、委内瑞拉等国。在国内分布于吉林、贵州、云南部分地区。

寄　主：主要为害菜豆属的植物，也危害豇豆、兵豆、鹰嘴豆、木豆、蚕豆和豌豆等。

形态特征：体长2～4 mm，头黑色，通常具橘红色的眼后斑。上唇及口器多呈橘红色。触角基部4节及第11节橘红色，其余节黑色。胸部黑色。足大部橘红色。鞘翅黑色，仅端部边缘橘红色。腹部橘红色，仅腹板基部有时呈黑色。臀板橘红色。

进境植物检疫要求：《进口玻利维亚大豆植物检疫要求》《进口埃塞俄比亚大豆植物检验检疫要求》《进口俄罗斯大豆、玉米、水稻及油菜籽植物检验检疫要求》《进口哈萨克斯坦大豆植物检验检疫要求》《进口乌克兰大豆植物检验检疫要求》《进口阿根廷大麦植物检疫要求》。

图2-17-1　菜豆象为害豆类①　　　　图2-17-2　菜豆象①

18 四纹豆象（*Callosobruchus maculatus*）

学　名：*Callosobruchus maculatus* (Fabricius，1775)

英文名：Cowpea weevil

异　名：*Bruchus ambiguus* Chevrolate；*Bruchus ambiguus* Gyllenhal 1839

分　布：在国外分布于朝鲜、日本、越南、缅甸、泰国、印度、斯里兰卡、孟加拉国、伊朗、伊拉克、叙利亚、土耳其、也门、科威特、匈牙利、比利时、英国、法国、意大利、保加利亚、阿尔巴尼亚、希腊、阿尔及利亚、埃及、塞内加尔、塞拉利昂、加纳、马拉维、尼日利亚、苏丹、埃塞俄比亚、坦桑尼亚、肯尼亚、扎伊尔、安哥拉、南非、赞比亚、乌干达等国。在国内分布于浙江、广西部分地区。

寄　主：大豆、扁豆、木豆、鹰嘴豆、草香豌豆、菜豆属、豇豆属、绿豆、赤豆、赤小豆、豇豆等。

形态特征：体长2.5~4.0 mm，卵形。触角11节，略呈锯齿状。前胸背板圆锥形，褐色，被黄褐色毛，后缘中央有1对瘤状隆起，密生白毛。小盾片方形，着白色毛。每鞘翅有3个黑斑，淡色区域构成"X"形图案。臀板倾斜，侧圆弧形，露于鞘翅外，雌虫臀板黄褐色，有白色中纵纹。后足腿节腹面有2条脊，外缘齿突大而钝，内缘齿突小而尖。

进境植物检疫要求：《中华人民共和国海关总署与俄罗斯联邦兽医和植物检疫监督局关于〈俄罗斯玉米、水稻、大豆和油菜籽输华植物检疫要求议定书〉补充条款》《进口埃塞俄比亚大豆植物检验检疫要求》《进口俄罗斯大豆、玉米、水稻及油菜籽植物检验检疫要求》《进口缅甸大米检验检疫要求》《进口乌兹别克斯坦绿豆植物检疫要求》。

图2-18-1　四纹豆象为害豆类[1]

图2-18-2　四纹豆象[①]

19 谷斑皮蠹（*Trogoderma granarium*）

学　名：*Trogoderma granarium* Everts，1898

英文名：Khapra beetle

异　名：*Trogoderma affrum*；*Trogoderma afrum* Priesner

分　布：在国外分布于朝鲜、日本、越南、缅甸、泰国、马来西亚、菲律宾、格鲁吉亚、哈萨克斯坦、韩国、印度尼西亚、孟加拉国、印度、斯里兰卡、沙特阿拉伯、塔吉克斯坦、土库曼斯坦、乌兹别克斯坦、新加坡、巴基斯坦、阿富汗、伊朗、伊拉克、叙利亚、黎巴嫩、以色列、塞浦路斯、土耳其、丹麦、瑞典、芬兰、捷克、德国、荷兰、英国、法国、西班牙、葡萄牙、意大利、埃及、利比亚、突尼斯、阿尔及利亚、摩洛哥、毛里塔尼亚、塞内加尔、冈比亚、马里、几内亚、塞拉利昂、尼日尔、尼日利亚、苏丹、索马里、肯尼亚、乌干达、赞比亚、委内瑞拉、乌拉圭、奥地利、坦桑尼亚、安哥拉、莫桑比克、毛里求斯、津巴布韦、南非、布基纳法索、马达加斯加、科特迪瓦、美国、加拿大、墨西哥、牙买加等国。

寄　主：小麦、大麦、麦芽、燕麦、黑麦、玉米、高粱、稻谷、面粉、花生、干果、坚果、奶粉、鱼粉、血干、蚕茧、皮毛、丝绸等。

形态特征：体长1.8～3.0 mm，宽0.9～1.7 mm，长椭圆形，体壁发亮，头及前胸背板暗褐色至黑色，鞘翅红褐色。触角11节，淡褐色。前胸背板近中央及两侧有不明显的黄色或灰白色毛斑。鞘翅密被淡褐色至深褐色毛。老熟幼虫，体呈纺锤形，背面乳白色至红褐色或淡褐色。

进境植物检疫要求：《进口俄罗斯大豆、玉米、水稻及油菜籽植物检验检疫要求》《进口哈萨克斯坦大豆植物检验检疫要求》《进口乌克兰大豆植物检验检疫要求》《进口乌克兰大麦植物检验检疫要求》《巴基斯坦输华大米植物卫生要求议定书》《进口印度大米检验检疫要求》《进口美国大米检验检疫要求》《进口韩国大米检验检疫要求》《进口老挝大米检验检疫要求》《进口缅甸大米检验检疫要求》《进口越南大米检验检疫要求》《台湾地区大米输往大陆植物检验检疫要求》《进口俄罗斯小麦植物检验检疫要求》《进口哈萨克斯坦小麦粉检验检疫要求》《进口哈萨克斯坦小麦植物检验检疫要求》《蒙古国小麦输华植物检疫要求议定书》《进口匈牙利小麦植物检疫要求》《进口保加利亚玉米植物检验检疫要求》《进口哈萨克斯坦玉米植物检验检疫要求》《进口乌克兰玉米植物检验检疫要求》《进口俄罗斯燕麦植物检疫要求》《进

口俄罗斯荞麦植物检疫要求》《进口乌兹别克斯坦绿豆植物检疫
要求》。

图2-19-1　谷斑皮蠹为害小麦①

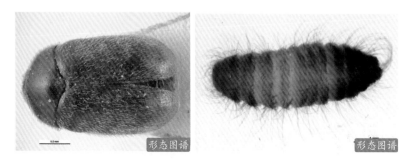

图2-19-2　谷斑皮蠹（左：成虫背面观　右：幼虫）①

20　黑森瘿蚊（*Mayetiola destructor*）

学　名：*Mayetiola destructor*（Say 1817）

英文名：Hessian fly

异　名：*Cecidomyia destructor* Say；*Phytophaga destructor*（Say）

分　布：在国外分布于伊拉克、以色列、哈萨克斯坦、叙利亚、土耳其、奥地利、保加利亚、比利时、塞浦路斯、捷克共和国、丹麦、芬兰、法国、德国、希腊、匈牙利、意大利、拉脱维亚、荷兰、挪威、波兰、葡萄牙、罗马尼亚、俄罗斯、塞尔维亚和黑山、西班牙、瑞典、瑞士、英国、苏格兰、乌克兰、阿尔及利亚、摩洛哥、突尼斯、新西兰、加拿大、美国等国。

寄　主：小麦、大麦、黑麦、冰草属、龙牙草属等禾本科植物。

形态特征：体长2～3 mm；雄蚊体灰黑色至淡黄色；雌蚊橘红色或红褐色，腹部具黑斑，触角黄褐色。雄蚊触角17～20节，雌蚊触角16～18节，环丝贴生。翅被烟黑色鳞片，鳞片较狭。

进境植物检疫要求：《进口丹麦大麦植物检疫要求》《进口芬兰大麦植物检验检疫要求》《进口哈萨克斯坦大麦植物检疫要求》《进口蒙古国大麦植物检验检疫要求》《进口乌克兰大麦植物检验检疫要求》《进口英国大麦植物检验检疫要求》《进口哈萨克斯坦小麦植物检验检疫要求》《蒙古国小麦输华植物检疫要求议定书》《进口塞尔维亚小麦植物检疫要求》《芬兰输华燕麦检验检疫要求》。

图2-20-1　黑森瘿蚊为害麦类[①]

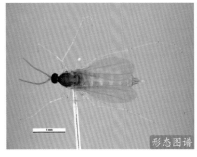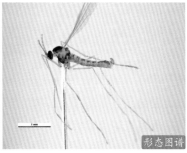

图2-20-2　黑森瘿蚊（左：成虫背面观　右：成虫侧面观）[①]

21 红火蚁（*Solenopsis invicta*）

学　名：*Solenopsis invicta* Buren，1972

英文名：Red imported fire ant

异　名：*Solenopsis saevissima* var. wagneri Santschi

分　布：在国外分布于巴西、秘鲁、玻利维亚、阿根廷、巴拉圭、乌拉圭、美国、澳大利亚、新西兰、马来西亚、安提瓜岛和巴布达岛、巴哈马群岛、特立尼达、多巴哥、英属维尔京群岛、美属维尔京群岛、日本等国。在国内分布于广东、广西、福建、湖南等省（区）部分地区。

寄　主：咖啡黄葵、落花生、木棉、甘蓝、美国山核桃、榕树、西瓜、草莓、大豆、松属、茄属、高粱、钱叶草、车轴草属、玉米。

图2-21-1　红火蚁蚁穴[①]

　　形态特征：工蚁头部近正方形至略呈心形，长1.00～1.47 mm，宽0.90～1.42 mm。头顶中间轻微下凹，不具带横纹的纵沟。唇基中齿发达，长约为侧齿的一半，有时不在中间位置。唇基中刚毛明显，着生于中齿端部或近端。唇基侧脊明显，末端突出呈三角尖齿，侧齿间中齿基以外的唇基边缘凹陷。

　　进境植物检疫要求：《进口泰国大米检验检疫要求》《进口澳大利亚小麦大麦植物检验检疫要求》。

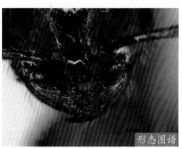

图2-21-2　红火蚁（左：侧面观　右：头部正面　下：有翅蚁）[3]

22 花斑皮蠹（*Trogoderma variabile*）

　　学　名：*Trogoderma variabile* Ballion，1878

　　英文名：Grain dermestid

异　名：*Trogoderma parabile* Beal；*Trogoderma persica* Pic

分　布：世界性分布。

寄　主：仓储谷物及其制品、蚕丝、中药材、动物性收藏品。

形态特征：体长2.2～4.4 mm，宽1.1～2.3 mm，卵圆形，赤褐色至深褐色，着生黄褐色、白色细毛。触角11节，棒状。鞘翅具褐色与暗红色环状纹与花斑，覆短而稀疏的毛。

进境植物检疫要求：《进口芬兰大麦植物检验检疫要求》《进口哈萨克斯坦大麦植物检疫要求》《进口蒙古国大麦植物检验检疫要求》《进口英国大麦植物检验检疫要求》《进口澳大利亚小麦大麦植物检验检疫要求》《进口俄罗斯小麦植物检验检疫要求》《进口哈萨克斯坦小麦粉检验检疫要求》《进口哈萨克斯坦小麦植物检验检疫要求》《蒙古国小麦输华植物检疫要求议定书》《进口匈牙利小麦植物检疫要求》《芬兰输华燕麦检验检疫要求》《进口俄罗斯燕麦植物检疫要求》《进口俄罗斯荞麦植物检疫要求》。

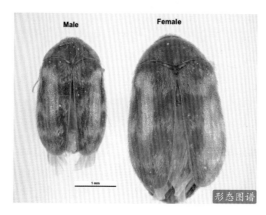

图2-22　花斑皮蠹成虫[①]

第三章　入境水果类

1 梨火疫病菌（*Erwinia amylovora*）

学　名：*Erwinia amylovora* (Burrill 1882) Winslow et al., 1920

英文名：Fire blight of pear and apple

异　名：*Micrococcus amylovorus* Burrill, 1882；*Bacillus amylovorus* (Burrill) Trevisan, 1889；*Bacterium amylovorus* (Burrill) Chester, 1897

分　布：在国外分布于美国、加拿大、墨西哥、哥伦比亚、危地马拉、海地、阿尔巴尼亚、新西兰、英国、荷兰、波兰、丹麦、德国、比利时、法国、卢森堡、马其顿、瑞典、挪威、爱尔兰、北爱尔兰、捷克、瑞士、亚美尼亚、罗马尼亚、保加利亚、意大利、马其顿、希腊、西班牙、埃及、塞浦路斯、以色列、土耳其、印度、日本、韩国、黎巴嫩、约旦、津巴布韦等国。

寄　主：梨、苹果、山楂、木旬子、李等。

形态特征：短杆菌，有荚膜，周生鞭毛1～8根，具游动性。

图3-1　梨火疫病菌感染树干[1]

图3-1 梨火疫病菌感染果实①

进境植物检疫要求：《美国李子输华植物检疫要求议定书》《进境墨西哥鲜食黑莓和树莓检验检疫要求》《进境比利时梨检验检疫要求》《进境荷兰鲜梨检验检疫要求》《进境美国鲜梨检验检疫要求》《进境美国苹果检验检疫要求》《进境法国苹果检验检疫要求》《进口波兰苹果植物检验检疫要求》《进境新西兰苹果检验检疫要求》《进境土耳其鲜食樱桃植物检验检疫要求》。

② 美澳型核果褐腐病（*Monilinia fructicola*）

学　名：*Monilinia fructicola* (G.Winter) Honey

英文名：Brown rot

异　名：*Ciboria fructicola* G. Winter 1883；*Sclerotinia americana* (Wormald) Norton & Ezekiel 1924；*Sclerotinia cinerea* f. americana Wormald 1919

分　布：在国外分布于印度、日本、韩国、南非、津巴布韦、加拿大、美国、墨西哥、危地马拉、新喀里多尼亚、阿根廷、巴拉圭、尼日利亚、津巴布韦、玻利维亚、厄瓜多尔、秘鲁、巴西、乌拉圭、委内瑞拉、智利、奥地利、波兰、德国、法国、捷克、黑山共和国、罗马尼亚、瑞士、澳大利亚、新西兰等国。

寄　主： 蔷薇科果树，主要寄主有桃、李、苹果和梨。

形态特征： 分生孢子芽生，链状排列，椭圆形或卵形，有时顶部平截，透明，聚集时为灰黄色。分生孢子梗较短，分枝或不分枝，顶端串生分生孢子。

进境植物检疫要求：《进境澳大利亚核果（油桃、桃、李、杏）检验检疫要求》《进境西班牙鲜食李和桃检验检疫要求》《美国李子输华植物检疫要求议定书》《进境美国鲜梨检验检疫要求》《进境智利鲜梨检验检疫要求》《进境美国苹果检验检疫要求》《进境阿根廷苹果和梨植物检验检疫要求》《进口波兰苹果植物检验检疫要求》《进境新西兰苹果检验检疫要求》《进境美国葡萄检验检疫要求》《进境秘鲁葡萄检验检疫要求》《进境墨西哥葡萄检验检疫要求》《进境阿根廷鲜食葡萄检验检疫要求》《台湾地区葡萄输往大陆检验检疫要求》《进境澳大利亚樱桃检验检疫要求》《进境加拿大BC省鲜食樱桃检验检疫要求》《进境阿根廷樱桃植物检疫要求》。

图3-2-1　感染美澳型核果褐腐病菌的果实[①]

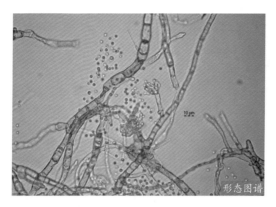

图3-2-2　美澳型核果褐腐病菌分生孢子①

❸ 李痘病毒（Plum pox virus）

学　名：Plum pox virus (PPV)

分　布：在国外分布于美国、加拿大、阿尔巴尼亚、澳大利亚、新西兰、保加利亚、塞浦路斯、智利、爱尔兰、奥地利、乌克兰、斯洛伐克、埃及、法国、荷兰、德国、希腊、匈牙利、意大利、比利时、波兰、丹麦、卢森堡、波兰、葡萄牙、罗马尼亚、西班牙、叙利亚、土耳其、英国、俄罗斯、日本、印度、约旦等国。

寄　主：PPV能侵染很多木本科和草本科植物。

进境植物检疫要求：《进境智利李子检验检疫要求》《美国李子输华植物检疫要求议定书》《进境智利油桃检验检疫要求》《进境吉尔吉斯斯坦鲜食樱桃植物检验检疫要求》《进境塔吉克斯坦樱桃植物检验检疫要求》《进境土耳其鲜食樱桃植物检验检疫要求》《进境智利樱桃检验检疫要求》。

图3-3　感染李痘病毒的叶片和果实①

④ 丁香疫霉（*Phytophthora syringae*）

学　名：*Phytophthora syringae* (Klebahn) Klebahn

英文名：Lilac twig blight

异　名：*Phloeophthora syringae* Kleb；*Phytophthora cactorum* var. syringae (Berk.) Sarej；*Nozemia syringae* (Berk.) Pethybr.

分　布：在国外分布于日本、比利时、英国、丹麦、法国、德国、希腊、意大利、荷兰、葡萄牙、罗马尼亚、瑞典、瑞士、摩洛哥、南非、智利、爱尔兰、澳大利亚、新西兰、美国、加拿大等国。

寄　主：柑橘属、李属、苹果、甜樱桃、杏仁、覆盆子、西洋梨、木樨科等。

形态特征：游动孢子卵形，侧生二根鞭毛。卵孢子圆形，黄色。无性生殖阶段孢子囊梗呈单歧聚伞花序状分枝。

进境植物检疫要求：《进境澳大利亚柑橘检验检疫要求》《进境澳大利亚核果（油桃、桃、李、杏）检验检疫要求》《进境荷兰鲜梨检验检疫要求》《进境澳大利亚樱桃检验检疫要求》。

图3-4-1　感染丁香疫霉病菌的植株[1]

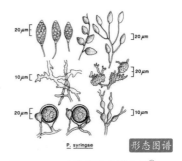

图3-4-2　丁香疫霉病菌孢子[1]

⑤ 地中海实蝇（*Ceratitis capitata*）

学　名：*Ceratitis capitata* Wiedemann，1824

英文名：Mediterranean fruit fly，Medfly

异　名：*Ceratitis hispanica* Breme; *Ceratitis* (*Ceratitis*) *capitata* (Wiedemann)

分　布：在国外分布于阿尔巴尼亚、克罗地亚、塞浦路斯、法国、意大利、希腊、马耳他、葡萄牙、俄罗斯、斯洛文尼亚、西班牙、瑞士、以色列、约旦、黎巴嫩、沙特阿拉伯、叙利亚、土耳其、也门、阿尔及利亚、安哥拉、贝宁、博茨瓦纳、布基纳法索、布隆迪、喀麦隆、佛得角、刚果、象牙海岸、埃及、埃塞俄比亚、加蓬、加纳、几内亚、肯尼亚、利比里亚、利比亚、马达加斯加、马拉维、马里、毛里求斯、摩洛哥、莫桑比克、尼日尔、尼日利亚、留尼汪、圣多美与普林西比、塞内加尔、塞舌尔、塞拉利昂、南非、苏丹、坦桑尼亚、多哥、突尼斯、乌干达、扎伊尔、津巴布韦、阿根廷、玻利维亚、巴西、智利、哥伦比亚、哥斯达黎加、厄瓜多尔、厄尔萨尔瓦多、危地马拉、洪都拉斯、牙买加、墨西哥、尼加拉瓜、巴拿马、巴拉圭、秘鲁、美国、乌拉圭、委内瑞拉、澳大利亚等国。

寄　　主：咖啡、青椒、柑橘、无花果、苹果、核果类、番石榴、可可、腰果、牛心番荔枝、来檬、柚、甜柠檬、红柠檬、桔、刺黄果、红厚壳、大果咖啡、辣椒、星萍果、香肉果、树番茄、番樱桃、山竹、胡桃、荔枝、人心果、桑、文定果、仙人掌、西番莲、海枣、灯笼果、石榴、悬钩子、檀香、龙葵、珊瑚樱、蒲桃、马来苹果、黄花夹竹桃、桃榄、番木瓜、酸橙、柠檬、脐橙、埃及假虎刺、小果咖啡、金叶树、榅桲、柿、枇杷、番樱桃、费约果、金橘、杧果、鳄梨、杏、李、桃、西洋梨、槟榔青、榄仁树、葡萄等。

形态特征：成虫黄黑相间，中胸背板凸隆，乳白色到黄色，具分离的黑色斑。翅具黄褐色带纹，基部翅室有细碎不规则形状的黑褐色斑。小盾片端半部整个黑色；雄性第2对上额眶鬃端部特化为黑色菱形薄片。

进境植物检疫要求：《进境墨西哥鳄梨检验检疫要求》《进境秘鲁鳄梨检验检疫要求》《进境智利鲜食鳄梨检验检疫要求》《进境阿根廷柑橘检验检疫要求》《进境南非柑橘检验检疫要求》《进境西班牙柑橘检验检疫要求》《进境以色列柑橘检验检疫要求》《进境埃及柑橘检验检疫要求》《进境秘鲁柑橘检验检疫要求》《进境澳大利亚柑橘检验检疫要求》《进境乌拉圭柑橘检验检疫要求》《进境意大利鲜食柑橘检验检疫要求》《进境摩洛哥柑橘检验检疫要求》《进境塞浦路斯柑橘检验检疫要求》《进境智利李子检验检疫要求》《进境澳大利亚核果（油桃、桃、李、杏）检验检疫要求》《进境西班牙鲜食李和桃检验检疫要求》《关于美国李子输华植物检疫要求的议定书》《进境智利油桃检验检疫要求》《进境乌拉圭鲜食蓝莓检验检疫要求》《进境阿根廷鲜食蓝莓检验检疫要求》《进境墨西哥鲜食黑莓和树莓

检验检疫要求》《关于智利
蓝莓输华植物检疫要求议定
书》《进境秘鲁蓝莓检验检
疫要求》《进境智利鲜梨检
验检疫要求》《进境秘鲁柠
果检验检疫要求》《进境澳大
利亚柠果检验检疫要求》《进
境厄瓜多尔柠果检验检疫要
求》《进境法国猕猴桃检验
检疫要求》《进境意大利猕猴
桃检验检疫要求》《进境希

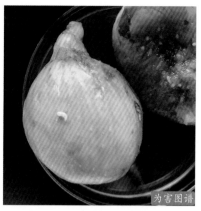

为害图谱

图3-5-1　旅客携带的无花果中截获
地中海实蝇④

腊猕猴桃检验检疫要求》《进境美国苹果检验检疫要求》《进境
法国苹果检验检疫要求》《进境阿根廷苹果和梨检验检疫要求》
《进境南非鲜食苹果检验检疫要求》《进境秘鲁葡萄检验检疫要
求》《进境墨西哥葡萄检验检疫要求》《进境南非葡萄检验检疫
要求》《进境埃及葡萄检验检疫要求》《进境埃及葡萄检验检疫
要求》《进境澳大利亚鲜食葡萄检验检疫要求》《进境阿根廷鲜
食葡萄检验检疫要求》《进境西班牙鲜食葡萄检验检疫要求》
《进境哥伦比亚香蕉检验检疫要求》《进境巴拿马香蕉检验检疫
要求》《进境厄瓜多尔香蕉检验检疫要求》《进境哥斯达黎加香
蕉检验检疫要求》《进境美国樱桃检验检疫要求》《进境澳大利
亚樱桃检验检疫要求》《进境阿根廷樱桃植物检疫要求》《进境
土耳其鲜食樱桃植物检验检疫要求》《进境智利樱桃检验检疫
要求》。

图3-5-2　地中海实蝇成虫①

⑥ 桔小实蝇［Bactrocera（Bactrocera）dorsalis］

学　名：*Bactrocera*（*Bactrocera*）*dorsalis* (Hendel，1912)

英文名：Oriental fruit fly

异　名：*Dacus dorsalis* Hendel；*Dacus ferrugineus* Fabricius

分　布：在国外分布于日本、越南、泰国、老挝、尼泊尔、锡金、不丹、孟加拉国、柬埔寨、巴基斯坦、缅甸、印度、斯里兰卡、菲律宾、新加坡、马来西亚、印度尼西亚、密克罗尼西亚、马里亚纳群岛、夏威夷群岛等国。

寄　主：番石榴、杧果、桃、阳桃、香蕉、苹果、香果、西洋梨、洋李、番荔枝、刺果番荔枝、甜橙、酸橙、柑橘、柚子、柠檬、香橼、杏、枇杷、柿子、黑枣、酸枣、红果仔、蒲桃、马六甲蒲桃、葡萄、鳄梨、榅桲、安石榴、无花果、九里香、胡桃、黄皮、榴梿、咖啡、榄仁树、桃榄、西瓜、番木瓜、番茄、辣椒、茄子、西番莲等。

形态特征：中颜板黄色或黄褐色，下部两侧具1对圆形黑色斑点。中胸盾片黑色，横缝后具2个较宽的黄色侧纵条。肩胛、背侧胛完全黄色，小盾片除基部的一黑色狭横带外，余全黄色。足黄色，后胫节通常为褐色至黑色。腹部卵圆形，棕黄色至锈褐色，第2背板的前缘有一黑色狭短带，第3背板的前缘有一黑色宽横带，第4背板的前侧常有黑色斑纹，腹背中央的一黑色狭纵条，自第3背板的前缘直达腹部末端。

进境植物检疫要求：《进境巴基斯坦柑橘检验检疫要求》《台湾地区梨输往大陆检验检疫要求》《进境缅甸杧果、西瓜、甜瓜、毛叶枣检验检疫要求》《进境印度葡萄检验检疫要求》《台湾地区葡萄输往大陆检验检疫要求》《进境老挝西瓜检验检疫要求》《进境印度尼西亚山竹检验检疫要求》《进境泰国莲雾检验检疫要求》《进口柬埔寨香蕉植物检验检疫要求》《进境老挝香蕉检验检疫要求》《进境斯里兰卡香蕉检验检疫要求》。

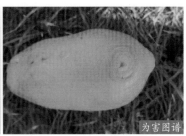

图3-6-1　桔小实蝇为害水果[1]

图3-6-2　桔小实蝇成虫[1]

🄻 昆士兰实蝇（*Bactrocera tryoni*）

学　名：*Bactrocera tryoni* Froggatt，1897

英文名：Queensland fruit fly

异　名：*Dacus ferrugineus tryoni* (Froggatt); *Dacus tryoni* (Froggatt)

分　布：在国外分布于澳大利亚、巴布亚新几内亚、新喀里多尼亚、波利尼西亚、瓦努阿图、新西兰、皮特凯恩岛。

寄　主：苹果、杏、樱桃李、洋李、欧洲甜樱桃、西班牙樱桃、鳄梨、西洋梨、桃、阳桃、番石榴、草莓番石榴、番荔枝、杧果、石榴、枇杷、柿子、柚子、香橼、葡萄柚、柠檬、橘、金橘、酸橙、沙橘、榲桲、蒲桃、香肉果、无花果、红果仔、小果野蕉、胡桃、葡萄、桑、黑莓、咖啡、油橄榄、刺葵、槟榔青、滇刺枣、茄子、辣椒、西番莲、大果西番莲、番木瓜、番茄等。

形态特征：翅长4.8～7.5 mm。体以橙色到褐色为主。翅前缘带暗褐色，狭而长，自翅基到翅尖。

进境植物检疫要求：《进境澳大利亚柑橘检验检疫要求》《进境澳大利亚核果（油桃、桃、李、杏）检验检疫要求》《进境澳大利亚杧果检验检疫要求》。

图3-7-1　昆士兰实蝇为害水果[①]

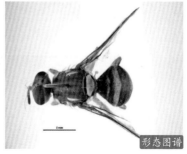

图3-7-2 昆士兰实蝇成虫①

⑧ 苹果实蝇（*Rhagoletis pomonella*）

学　名：*Rhagoletis pomonella* Walsh，1867

英文名：Apple maggot fly

异　名：*Trypeta pomonella* Walsh; *Trypeta albiscutellata* Harris, 1835

异　名：苹果绕实蝇

分　布：在国外分布于阿富汗、加拿大、哥斯达黎加、哥伦比亚、美国、墨西哥等国。

寄　主：樱桃、李、苹果、桃、杏、乌饭树、山荆子、玫瑰、山楂属等。

形态特征：成虫体长约5 mm，体暗褐色到黑色，有光泽。中胸背板有4条棉毛纵纹，每侧2条各在前端汇合且外侧条延伸到横缝。小盾片两侧缘和距基部1/2区域黑色。足腿节黄色，或部分或全部（端部除外）黑色，各足胫节黄色。翅中横带和端前横带相连宽阔并呈对角线走向横置于翅面。腹部黑色，雄虫第2～4节背板、雌虫第2～5节背板具很宽的、显著的白色横带。

进境植物检疫要求：《关于美国李子输华植物检疫要求的议定

书》《进境美国苹果检验检疫要求》《进境美国樱桃检验检疫要求》《进境加拿大BC省鲜食樱桃检验检疫要求》。

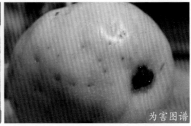

图3-8-1 苹果实蝇为害水果[①]

图3-8-2 苹果实蝇成虫[①]

⑨ 欧洲樱桃实蝇（*Rhagoletis cerasi*）

学　名：*Rhagoletis cerasi* Linnaeus，1758

英文名：European cherry fruit fly

异　名：*Rhagoletis fasciata* Rohdendorf, 1961; *Musca cerasi* Linnaeus

分　布：在国外分布于奥地利、法国、德国、意大利、葡萄牙、西班牙、瑞士、保加利亚、捷克、斯洛伐克、希腊、匈牙利、拉脱维亚、立陶宛、荷兰、挪威、波兰、罗马尼亚、瑞典、土耳其、格鲁吉亚、俄罗斯、乌克兰、伊朗、哈萨克斯坦、吉尔吉斯斯坦、塔吉克斯坦、土库曼斯坦等国。

寄　主：樱桃。

形态特征：成虫体长3.5～5.0 mm，黑色，头和胸部具黄色斑点。中胸背板具4条灰色纵纹。翅具黄褐色带纹，无后端横带，中横带和端前横带分离，具副前缘横带。小盾片黄色，两侧具黑色斑纹。欧洲樱桃实蝇为我国进境植物检疫性有害生物。

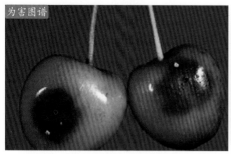

图3-9-1　欧洲樱桃实蝇为害樱桃[①]　　图3-9-2　欧洲樱桃实蝇成虫[①]

10　菠萝灰粉蚧（*Dysmicoccus brevipes*）

学　名：*Dysmicoccus brevipes* (Cockerell)

英文名：Pineapple mealybug

异　名：*Dactylopius brevipes* Cockerell, 1893; *Dysmicoccus brevipes* Ferris

分　布：在国外分布于阿根廷、埃及、安达曼群岛、安哥拉、安提瓜岛、巴布达岛、澳大利亚、巴布亚新几内亚、巴哈马、巴基斯坦、巴拉圭、巴拿马、巴西、北马里亚纳群岛、玻利维亚、伯利兹、布基纳法索、布隆迪、多哥、多米尼加、俄罗斯、厄瓜多尔、法属圭亚那、菲律宾、斐济、佛得角、刚果、哥伦比亚、哥斯达黎加、格林纳达、古巴、瓜德罗普、关岛、海地、洪都拉斯、吉里巴斯、几内亚、加那利群岛、加纳、柬埔寨、喀麦隆、肯尼亚、老拉、黎巴嫩、卢旺达、马达加斯加、马拉维、马来西亚、马里、马绍尔群岛、马提尼克、美国、蒙特塞拉特、孟加拉国、秘鲁、莫桑比克、墨西哥、南非、尼加拉瓜、尼日尔、尼日利亚、纽埃岛、帕劳、日本、萨尔瓦多、塞拉利昂、塞内加尔、塞舌尔、桑给巴尔、斯里兰卡、苏丹、苏里南、所罗门群岛、索马里、泰国、坦桑尼亚、汤加、特立尼达和多巴哥、特罗姆林岛、图瓦卢、托克劳、瓦努阿图、危地马拉、委内瑞拉、文莱、乌干达、乌拉圭、夏威夷、科特迪瓦、新加坡、牙买加、亚苏尔群岛、伊朗、以色列、意大利、印度、印度尼西亚、越南、赞比亚、乍得、智利等国。

寄　主：菠萝、柑橘、芭蕉、桑、木槿、莎草、棕竹等。

形态特征：虫体被白色蜡粉，体缘具17对蜡丝。

进境植物检疫要求：《进境马来西亚菠萝检验检疫要求》《进境秘鲁柑橘检验检疫要求》。

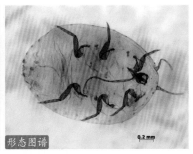

图3-10-1　菠萝灰粉蚧为害水果[①]　　　图3-10-2　菠萝灰粉蚧[①]

11) 新菠萝灰粉蚧（*Dysmicoccus neobrevipes*）

学　名：*Dysmicoccus neobrevipes* Beardsley，1959

英文名：Gray pineapple mealybug

分　布：在国外分布于菲律宾、关岛、泰国、越南、意大利、北马里亚群岛、斐济、基里巴斯、马绍尔群岛、萨摩亚群岛、夏威夷群岛、墨西哥、安提瓜、巴布达、巴哈马群岛、巴拿马、巴西、多米尼加共和国、厄瓜多尔、哥伦比亚、哥斯达黎加、海地、洪都拉斯、秘鲁、萨尔瓦多、苏里南、特立尼达和多巴哥、危地马拉、牙买加等国。

寄　主：凤梨、番荔枝、柑橘、炮弹果、倒捻子、咖啡、可可、椰子、香蕉、芭蕉、蝎尾蕉、仙人掌、晚香玉、笋瓜、变叶木、合欢、落花生、棉、番茄、石榴、茄、人心果、柚木等。

形态特征：体被有蜡粉，周缘有17对蜡丝，末对最长，可达体长的1/3~1/2。触角8节。眼半球形，其周围常有2或3个筛状孔。足大而粗，后足腿节和胫节上有许多透明孔。腹脐1个，大，位于第3、4腹节腹板间，有侧凹和节间褶通过。背孔2对，内缘硬化，每一孔瓣上有2~5根毛和少量三格腺。肛环毛6根。

进境植物检疫要求：《进境巴拿马鲜食菠萝检验检疫要求》《进境哥斯达黎加菠萝检验检疫要求》《进境菲律宾新鲜椰子检验检疫要求》《进境印度尼西亚山竹检验检疫要求》《进境斯里兰卡香蕉检验检疫要求》。

图3-11-1　新菠萝灰粉蚧为害植物[1]

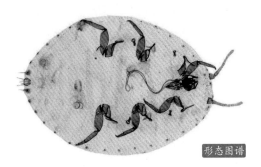

图3-11-2　新菠萝灰粉蚧①

12 南洋臀纹粉蚧（*Planococcus lilacinus*）

学　名：*Planococcus lilacinus* Cockerell, 1905

英文名：Cacao mealybug

异　名：*Dactylopius coffeae; Planococcus crotonis* Green

分　布：在国外分布于菲律宾、柬埔寨、孟加拉国、缅甸、日本、斯里兰卡、泰国、印度、印度尼西亚、越南、科摩罗、马达加斯加、塞舌尔、巴布亚新几内亚、多米尼加、圭亚那、海地、萨尔瓦多等国。

寄　主：咖啡、可可、杧果、椰子、酸橙、柚、柠檬、荔枝、槟榔青、番荔枝、番石榴、杜鹃花、变叶木、血桐、野梧桐、唐草蒲、台湾相思、合欢、落花生、羊蹄甲、刺桐、丁香、波罗蜜、蒲桃、阳桃、刺葵、露兜树、石榴、枣人心果、臭椿、烟草、茄、柚木、葡萄等。

形态特征：雌成虫卵形，触角8节。足粗大，后足基节和胫节上有许多透明孔。腹脐大且有节间褶横过。背孔2对，内缘硬化。肛环在近背末，有成列环孔和6根长环毛。尾瓣略突，腹面有硬化棒，端毛长于环毛。刺孔群18对，各有2根锥刺。

进境植物检疫要求：《台湾地区葡萄输往大陆检验检疫要求》
《进境菲律宾新鲜椰子检验检疫要求》《进境印度尼西亚山竹检验
检疫要求》《进口柬埔寨香蕉植物检验检疫要求》《进境老挝香蕉
检验检疫要求》。

图3-12-1　南洋臀纹粉蚧为害植物[②]

图3-12-2　南洋臀纹粉蚧[①]

13 大洋臀纹粉蚧（*Planococcus minor*）

学　名：*Planococcus minor* (Maskell，1897)

英文名：Mealybug

异　名：*Dactylopius calceolariae minor* Maskell；*Pseudococcus calceolariae minor*（Maskell）

分　布：在国外分布于菲律宾、马来西亚、孟加拉国、缅甸、
泰国、新加坡、印度、印度尼西亚、马达加斯加、塞舌尔、澳大利

亚、巴布亚新几内亚、波利尼西亚、斐济、基里巴斯、萨摩亚群岛、所罗门群岛、汤加、瓦努阿图、西萨摩亚、新苏格兰、新西兰、墨西哥、阿根廷、安提瓜岛和巴布达岛、巴西、百慕大群岛、多米尼加、哥黎达斯加、哥伦比亚、格林纳达、古巴、瓜德罗普岛（法）、圭亚那、海地、洪都拉斯、苏里南、特立尼达岛、多巴哥岛、危地马拉、乌拉圭、牙买加等国。

寄　主：柑橘、番樱桃、番石榴、番龙眼、无花果、咖啡、可可、腰果、杧果、鳄梨、梨、椰子、盐肤木、槟榔青、番荔枝、依兰、红鸡蛋花、万年青、楤木、南洋参、鹅掌柴、凤仙花、重阳木、紫丹、凤梨、橄榄、大丽花、一点红、向日葵、甘薯、青菜、卷心菜、萝卜、西瓜、香瓜、黄瓜、笋瓜、南瓜、西葫芦、佛手瓜、变叶木、一品红、血桐、野梧桐、蓖麻、甘蔗、玉米、海棠果、蝎尾蕉、唐昌蒲、相思、落花生、刺桐、丁香、大豆、银合欢、含羞草、菜豆、含笑、棉花属、黄槿、波罗蜜、构树、垂叶榕、桑、大蕉、槟榔、散尾葵、露兜树、胡椒、月季、龙船花、龙眼、辣椒、番茄、茄、马铃薯、茶、苎麻、葡萄、姜。

形态特征：雌成虫体椭圆形，触角8节，眼在其后近头缘。足粗大，后足基节和胫节有许多透明孔。腹脐大，位于第3、4腹节腹板间，有侧凹和节间褶通过。背孔2对，发达。肛环在背末，有成圈环孔和6根长环毛，其长约为环径的2倍。尾瓣略突，其腹面有硬化棒，端毛为环毛的2倍长。刺孔群18对。

进境植物检疫要求：《进境哥斯达黎加菠萝检验检疫要求》《进境乌拉圭柑橘检验检疫要求》《台湾地区梨输往大陆检验检疫要求》《台湾地区葡萄输往大陆检验检疫要求》《进境菲律宾新鲜椰子检验检疫要求》《进境印度尼西亚山竹检验检疫要求》《进境老挝香蕉检验检疫要求》。

图3-13-1　大洋臀纹粉蚧为害植物①

图3-13-2　大洋臀纹粉蚧①

14 杜果果核象甲（*Sternochetus mangiferae*）

学　名：*Sternochetus mangiferae*（Fabricius）

英文名：mango nutlet weevils

异　名：*Cryptorhynchus ineffectus Walker*

分　布：印度、越南、柬埔寨、泰国、菲律宾、缅甸、马来西亚、印度尼西亚、尼泊尔、巴基斯坦、斯里兰卡、孟加拉国、阿曼、不丹、阿拉伯联合酋长国、埃塞俄比亚、阿布扎比、埃及、乍得、安哥拉、中非共和国、加蓬、加纳、几内亚、利比亚、马达加斯加、马拉维、毛里求斯、莫桑比克、尼日利亚、留尼汪、黎巴嫩、塞舌尔、南非、坦桑尼亚、乌干达、肯尼亚、赞比亚、美国（加利福尼亚、佛罗里达、夏威夷群岛）、巴巴多斯、多米尼加、瓜德罗普、维尔京群岛、圣文森特和格林纳丁斯、马提尼克岛、蒙特塞拉特岛、圣·卢西亚、特立尼大和多巴哥、法属圭亚那、巴西、澳大利亚、新喀里多尼亚、马里亚纳群岛、斐济、马尔加什、瓦利斯和富图纳群岛、法属波利尼西亚（社会群岛）、关岛、新喀里多尼亚、北马里安纳群岛、汤加、芬兰、葡萄牙、西班牙。

寄　主：杧果。

形态特征：长6～9 mm，宽约4 mm，粗短，体壁暗褐色、花斑，有变异，被有黄白色的鳞片斑。基部花斑，由红至灰色鳞片组成，并夹杂浅色的斑纹。

进境植物检疫要求：《进境缅甸杧果、西瓜、甜瓜、毛叶枣检验检疫要求》。

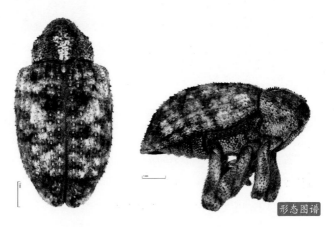

图3-14　杧果果核象甲（左：背面观　右：侧面观）③

16 葡萄花翅小卷蛾（*Lobesia botrana*）

学　名：*Lobesia botrana* (Denis&Schiffermuller，1775)

英文名：Grape berry moth

异　名：*Polychrosis botrana* Ragonot；*Paralobesia botrana*

分　布：在国外分布于奥地利、保加利亚、塞浦路斯、捷克、芬兰、法国、德国、希腊、匈牙利、意大利、卢森堡、马其顿、马耳他、摩尔多瓦、葡萄牙、罗马尼亚、俄罗斯、斯洛伐克、斯洛文尼亚、西班牙、瑞士、乌克兰、英国、亚美尼亚、阿塞拜疆、格鲁吉亚、伊朗、伊拉克、以色列、日本、约旦、哈萨克斯坦、黎巴嫩、叙利亚、塔吉克斯坦、土耳其、土库曼斯坦、乌兹别克斯坦、阿尔及利亚、埃及、厄里特尼亚、肯尼亚、利比亚、摩洛哥等国。

寄　主：葡萄、猕猴桃、石竹属、柿、油橄榄、扁桃、甜樱桃、李、黑刺李、石榴、鹅莓、枣等。

形态特征：成虫体长6～8 mm，翅展10～13 mm。头、腹奶油色，胸部也奶油色，但有黑斑。足有浅奶油色和褐色相间出现的带纹。前翅有包括黑色、褐色、奶油色、红色和蓝色的斑驳状图纹，其底色为蓝灰和褐色，有浅奶油色边。

进境植物检疫要求：《进境智利油桃检验检疫要求》《进境澳大利亚杧果检验检疫要求》《进境法国猕猴桃检验检疫要求》《进境意大利猕猴桃检验检疫要求》《进境希腊猕猴桃检验检疫要求》《进境埃及葡萄检验检疫要求》《进境阿根廷鲜食葡萄检验检疫要求》《进境西班牙鲜食葡萄检验检疫要求》《进境吉尔吉斯斯坦鲜食樱桃植物检验检疫要求》《进境土耳其鲜食樱桃植物检验检疫要求》《进境乌兹别克斯坦鲜食樱桃植物检疫要求》。

图3-16　葡萄花翅小卷蛾（左：成虫　右：幼虫）[①]

17　斑翅果蝇（*Drosophila suzukii*）

学　名：*Drosophila suzukii*（Matsumura，1931）

英文名：Spotted wing drosophila

异　名：*Drosophila indicus* Parshad & Paik, 1965; *Leucophenga suzukii* Matsumura

分　布：在国外分布于奥地利、巴西、比利时、朝鲜、德国、俄罗斯、厄尔瓜多、法国、哥斯达黎加、韩国、荷兰、加拿大、克罗地亚、美国、缅甸、墨西哥、葡萄牙、日本、瑞士、斯洛文尼亚、泰国、西班牙、匈牙利、意大利、印度、英国等国。

寄　主：草莓、蓝莓、黑莓、葡萄、樱桃等。

形态特征：成虫体长2.6～2.8 mm。体色近黄褐色或红棕色。雄虫前足第一、第二跗节均具性梳，膜翅脉端部具一黑斑，雌虫无此特征。腹节背面有不间断黑色条带，腹末具黑色环纹。雌虫产卵器黑色、硬化有光泽，突起坚硬，齿状或锯齿状。

进境植物检疫要求：《进境墨西哥鲜食黑莓和树莓检验检疫要求》《进境加拿大BC省鲜食樱桃检验检疫要求》。

图3-17-1 斑翅果蝇为害树莓①

图3-17-2 斑翅果蝇雄成虫①

18 日本金龟子（*Popillia japonica*）

学　名：*Popillia japonica* Newman

英文名：Japanese beetle

异　名：*Popillia plicatipennis* Burmeister; 1844; *Aserica japonica* (Motsch.)

分　布：在国外分布于日本、俄罗斯、美国、加拿大、葡萄牙、英国等国。

寄　主：日本金龟子为典型的多食性害虫，包括果树、林木、花卉、蔬菜、大田作物和杂草等。

形态特征：成虫体长9～15 mm，宽4～7 mm。宽卵圆形具强的金属光泽。头短，呈金绿色或古铜色；触角9节，鞭部红褐色，鳃叶部3节，黑色；鞘翅红黄色或褐色，具金属光泽，背面观，腹部两侧各有5个白毛斑。

日本金龟子为我国进境植物检疫性有害生物。

图3-18-1　日本金龟子为害植物[1]

图3-18-2　日本金龟子成虫（背面观）[1]

图3-18-3　日本金龟子成虫（侧面观）[1]

第四章　出境水果类

❶ 苹果褐腐病（*Monilinia fructigena*）

学　名：*Monillinia fructigena* (Adeh. et Ruhl.) Honeg

分　布：世界性广泛分布。

寄　主：苹果、梨、桃、杏等果树。

形态特征：病果上密生灰白色菌丝团，其上产生分生孢子梗和分生孢子。分生孢子梗无色、单胞、丝状，其上串生分生孢子，念珠状排列，无色，单胞。

出境植物检疫要求：《输往加拿大苹果检验检疫要求》《输往秘鲁苹果检验检疫要求》《输往澳大利亚苹果检验检疫要求》《输往美国砂梨检验检疫要求》。

图4-1　苹果褐腐病④

❷ 苹果花腐病（*Monilinia mali*）

学　名：*Monilinia mali* (Takah.) Wetzel

分　布：吉林、辽宁、黑龙江、河北、山东、陕西、四川、云南、新疆等地。

寄　主：苹果。

形态特征：分生孢子梗常3～4枝丛生，不分枝或仅分枝1次，无色。分生孢子念珠状，单生，成熟后分散。大型分生孢子柠檬状，单胞，无色；小型分生孢子球形，单胞，无色。

出境植物检疫要求：《输往加拿大苹果检验检疫要求》。

图4-2　苹果花腐病④

③ 苹果锈病（*Gymnosporangium yamadai*）

学　　名： *Gymnosporangium yamadai* Miyabe ex G.Yamada

英文名： Apple rust

分　　布： 在国外分布于朝鲜、日本、韩国。在国内分布于河北、河南、山东、山西、吉林、辽宁、黑龙江、甘肃、陕西等省。

寄　　主： 苹果、山荆子、海棠等。

形态特征： 又称山田胶锈菌或苹果东方胶

图4-3　苹果锈病④

锈菌。性孢子单细胞，无色，纺锤形。锈孢子球形或多角形，单细胞，栗褐色，膜厚，有瘤状突起。冬孢子双细胞，无色，具长柄，卵圆形或椭圆形，分隔处稍缢缩，暗褐色。

出境植物检疫要求：《输往澳大利亚苹果检验检疫要求》。

④ 梨锈病（*Gymnosporangium asiaticum*）

学　名： *Gymnosporangium asiaticum* Miyabe ex Yamada

英文名： Japanese pear rust

异　名： *Gymnosporangium chinese* Long

分　布： 在国外分布于美国、加拿大、俄罗斯、韩国、朝鲜、日本等国。在国内分布于安徽、福建、广东、广西、贵州、河北、河南、湖北、陕西、四川、新疆等地以及台湾、香港地区。

寄　主： 沙梨、木瓜、山楂、西洋梨等。

形态特征： 病菌在整个生活史上可产生4种类型孢子：性孢子器（性孢子，受精丝）、锈孢子、冬孢子、担孢子。

图4-4　梨锈病为害状④

出境植物检疫要求：《输往阿根廷苹果检验检疫要求》《输往美国香梨检验检疫要求》《输往阿根廷鲜梨检验检疫要求》。

⑤ 梨黑星病（*Venturia nashicola*）

　学　名：*Venturia pirina* Aderhold.

　英文名：Pear scab

　异　名：*Endostigme pirina* (ADERH.) SYDOW；*Fusicladium pirinum* (Lib) Fuck

　分　布：在国外分布于加拿大、美国、墨西哥、澳大利亚、新西兰、埃及、利比亚、马达加斯加、摩洛哥、莫桑比克、阿根廷、巴西、哥伦比亚、乌拉圭、智利、爱尔兰、奥地利、保加利亚、比利时、波兰、丹麦、德国、俄罗斯、法国、荷兰、拉脱维亚、罗马尼亚、马耳他、挪威、葡萄牙、瑞典、瑞士、乌克兰、西班牙、希腊、匈牙利、意大利、英国、土耳其、阿富汗、格鲁吉亚、哈萨克斯坦、韩国、吉尔吉斯斯坦、黎巴嫩、日本、塞浦路斯、伊拉克、伊朗、以色列等国。

　寄　主：苹果、梨属、杜梨、白梨、西洋梨。

　形态特征：分生孢子梗粗而短，暗褐色，无分支，直立而弯曲，其上可见有许多疤疤状突起物。分生孢子淡褐色或橄榄色。

　出境植物检疫要求：《输往美国香梨检验检疫要求》《输往新西兰鲜梨检验检疫要求》《输往澳大利亚梨检验检疫要求》《输往以色列沙梨和鸭梨检验检疫要求》。

图4-5　梨黑星病④

6 苹果轮纹病（*Botryosphaeria berengeriana f.sp.piricola*）

学　名：*Botryosphaeria berengeriana f.sp.piricola*

异　名：*Botryosphaeria berengeriana* pyricola Kogan. & Sakuma 1984

分　布：世界范围内均有发生。

寄　主：苹果、梨、桃、山楂、李、杏、枣、木瓜等。

形态特征：分生孢子梗棍棒状，顶端着生分生孢子。分生孢子单细胞，无色，纺锤形或长椭圆形。

出境植物检疫要求：《输往毛里求斯水果检验检疫要求》。

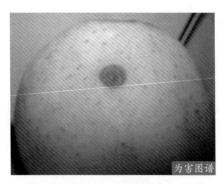

图4-6　苹果轮纹病④

7 梨黑斑病（*Alternaria gaisen*）

学　名：*Alternaria gaisen* Nagano

英文名：Black spot of Japanese pear

异　名：*Alternaria manshurica* Hara, 1936; *Alternaria nashi* Miura, 1925

分　布：在国外分布于法国、意大利、巴基斯坦、日本、韩国等国。在国内分布于广东、广西、河北、河南、吉林、山西、山东、新疆等地以及台湾地区。

形态特征：分生孢子梗褐至黄褐色，丛生，基部稍粗，上端略细，有分隔。孢子脱落后有胞痕。分生孢子串生，倒棍棒形，有纵横分隔，成熟的孢子褐色。

出境植物检疫要求：《输往美国香梨检验检疫要求》《输往美国鸭梨检验检疫要求》《输往墨西哥鲜梨检验检疫要求》《输往澳大利亚梨检验检疫要求》。

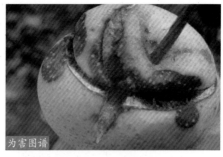

为害图谱

图4-7　梨黑斑病④

⑧ 桃小食心虫（*Carposina sasakii*）

学　名：*Carposina sasakii*

英文名：Peach fruit moth

异　名：*Carposina persicana* (Fitch)；*Carposina sasaki*

分　布：在国外分布于加拿大、俄罗斯、朝鲜、韩国等国。

寄　主：苹果、梨、枣、山楂、桃、李、杏、石榴、海棠等果树，其中以苹果和枣受害最重。

形态特征：老龄幼虫体长13～16 mm，桃红色，无臀节。成虫体长5～8 mm，全体灰白色或淡灰褐色。前翅近前缘中部有1蓝黑色三角形大斑。

出境植物检疫要求：《输往美国鲜苹果检验检疫要求》《输往阿根廷苹果检验检疫要求》《输往加拿大苹果检验检疫要求》《输往秘鲁苹果检验检疫要求》《输往墨西哥苹果检验检疫要求》《输往南非苹果检验检疫要求》《输往智利苹果检验检疫要求》《输往澳大利亚苹果检验检疫要求》《输往美国香梨检验检疫要求》《输

往美国鸭梨检验检疫要求》《输往阿根廷鲜梨检验检疫要求》《输
往加拿大鲜梨检验检疫要求》《输往秘鲁鲜梨检验检疫要求》《输
往墨西哥鲜梨检验检疫要求》《输往南非梨检验检疫要求》《输往
新西兰鲜梨检验检疫要求》《输往智利鲜梨检验检疫要求》《输往
澳大利亚梨检验检疫要求》《输往澳大利亚核果（油桃、桃、李、
杏）检验检疫要求》《输往智利鲜枣检验检疫要求》。

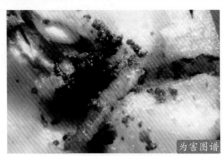

图4-8-1　桃小食心虫为害果实[④]

图4-8-2　桃小食心虫成虫[④]

⑨ 苹小食心虫（*Grapholitha inopinata*）

学　名：*Grapholita inopinata* Heinrich，1928

英文名：Apple fruit moth

异　名：*Grapholitha cerasana* Kozhanchikov，1953

分　　布：在国外分布于朝鲜、日本。在国内分布于东北、华北、西北等地。

寄　　主：主要为害苹果、梨、沙果、山楂、桃、海棠等果树。

形态特征：成虫体长4.5～5.0 mm，全体暗褐色，有紫色光泽，头部鳞片灰色，触角背面暗褐色，每节端部白色。前翅前缘具有7～9组大小不等的白色钩状纹，肛上纹不明显，有四块黑色斑，顶角还有一较大的黑斑，缘毛灰褐色。

出境植物检疫要求：《输往美国鲜苹果检验检疫要求》《输往阿根廷苹果检验检疫要求》《输往加拿大苹果检验检疫要求》《输往秘鲁苹果检验检疫要求》《输往墨西哥苹果检验检疫要求》《输往南非苹果检验检疫要求》《输往智利苹果检验检疫要求》《输往澳大利亚苹果检验检疫要求》《输往美国砂梨检验检疫要求》《输往美国香梨检验检疫要求》《输往美国鸭梨检验检疫要求》《输往阿根廷鲜梨检验检疫要求》《输往秘鲁鲜梨检验检疫要求》《输往墨西哥鲜梨检验检疫要求》《输往南非梨检验检疫要求》《输往新西兰鲜梨检验检疫要求》《输往澳大利亚梨检验检疫要求》《输往以色列沙梨和鸭梨检验检疫要求》。

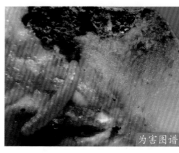

图4-9-1　苹小食心虫为害果实④

图4-9-2　苹小食心虫成虫②

10 梨小食心虫（*Grapholita molesta*）

学　名：*Grapholita molesta* (Busck)

英文名：Oriental fruit moth

分　布：在国外分布于美国、加拿大、澳大利亚、亚美尼亚、阿塞拜疆、格鲁吉亚、日本、哈萨克斯坦、朝鲜、韩国、俄罗斯、土耳其、乌兹别克斯坦、毛里求斯、摩洛哥、奥地利、保加利亚、克罗地亚、捷克共和国、丹麦、德国、法国、希腊、匈牙利、意大利、马耳他、摩尔多瓦、黑山、葡萄牙、阿根廷、巴西等国。

寄　主：红厚壳、枸子属、山楂属、山楂、榲桲属、柿、枇杷、苹果属、杨梅、李属、杏、欧洲甜樱桃、扁桃、梅、桃、樱桃、梨属等。

形态特征：成虫体长5.2～6.8 mm，体色灰褐色，无光泽。前翅密被灰白色鳞片，翅基部黑褐色，前缘有10组白色斜纹，腹部灰褐色。

出境植物检疫要求：《输往加拿大苹果检验

图4-10-1　梨小食心虫为害果实[②]

果被害状　　成虫　　卵

被害果剖面　　蛹

植被害状　　幼虫

图4-10-2　梨小食心虫[④]

检疫要求》《输往秘鲁苹果检验检疫要求》《输往秘鲁鲜梨检验检疫要求》《输往墨西哥鲜梨检验检疫要求》《输往澳大利亚梨检验检疫要求》《输往以色列沙梨和鸭梨检验检疫要求》《输往澳大利亚核果（油桃、桃、李、杏）检验检疫要求》。

11 梨大食心虫（*Acrobasis pyrivorella*）

学　名：*Acrobasis pyrivorella* (Matsumura)

英文名：Pear fruit moth

分　布：在国外分布于俄罗斯、朝鲜、韩国、日本。

寄　主：梨、苹果、沙果、桃。

形态特征：成虫体长10～15 mm，全体暗灰色，稍带紫色光泽。距翅基2/5处和距端l/5处，各有一条灰白色横带，嵌有紫褐色的边，两横带之间，靠前处有一灰色肾形条纹。

图4-11-1　梨大食心虫为害梨④　　图4-11-2　梨大食心虫成虫④

出境植物检疫要求：《输往阿根廷苹果检验检疫要求》《输往澳大利亚苹果检验检疫要求》《输往美国香梨检验检疫要求》《输往美国鸭梨检验检疫要求》《输往阿根廷鲜梨检验检疫要求》《输往加拿大鲜梨检验检疫要求》《输往南非梨检验检疫要求》《输往新西兰鲜梨检验检疫要求》《输往澳大利亚梨检验检疫要求》。

12 桃蛀螟（*Conogethes punctiferalis*）

学　名：*Conogethes punctiferalis* (Guenee)

英文名：Teak bud borer

异　名：*Dichocrocis punctiferalis*；*Dichocrocis punctiferalis* (Guenée)

分　布：在国外分布于澳大利亚、巴基斯坦、朝鲜、菲律宾、韩国、柬埔寨、老挝、马来西亚、缅甸、日本、斯里兰卡、泰国、印度、文莱、印度尼西亚、越南等国。

寄　主：桃、梨、杏、苹果、李、石榴、无花果、葡萄、柑橘、荔枝、板栗、枇杷等。

形态特征：成虫体长9～14 mm，黄至橙黄色，体、翅表面具许多黑斑点似豹纹。雄虫腹末黑色。

出境植物检疫要求：《输往阿根廷苹果检验检疫要求》《输往加拿大苹果检验检疫要求》《输往墨西哥苹果检验检疫要求》《输往南非苹果检验检疫要求》《输往美国砂梨检验检疫要求》《输往阿根廷鲜梨检验检疫要求》《输往秘鲁鲜梨检验检疫要求》《输往墨西哥鲜梨检验检疫要求》《输往南非梨检验检疫要求》《输往新西兰鲜梨检验检疫要求》《输往以色列沙梨和鸭梨检验检疫要求》。

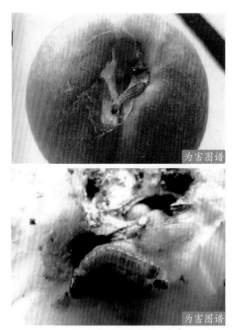

图4-12-1　桃蛀螟为害状^④

图4-12-2　桃蛀螟成虫^④

13 旋纹潜蛾（*Leucoptera malifoliella*）

学　名：*Leucoptera malifoliella* (Costa)

英文名：Apple leafminer

异　名：*Cemiostoma scitella* Zeller, 1848; *Elachista malifoliella* Costa

分　布：在国外分布于欧洲、亚洲的哈萨克斯坦、土库曼斯坦、乌兹别克斯坦、伊朗等国。

寄　主：苹果、梨、山楂、槟沙果、海棠等。

形态特征：成虫体长2.3 mm左右，头、胸、腹部、足银白色，前翅大部分银白色，端部2/5近前缘呈橙黄色。其间有放射状褐纹，在第2、3褐纹下有1小白点，臀角处有2个较大的深紫色大斑。后翅披针形。

出境植物检疫要求：《输往美国鲜苹果检验检疫要求》《输往加拿大苹果检验检疫要求》《输往南非苹果检验检疫要求》《输往南非梨检验检疫要求》《输往新西兰鲜梨检验检疫要求》。

图4-13-1　旋纹潜蛾为害叶片[④]

图4-13-2 旋纹潜蛾②

14 苹小卷叶蛾（*Adoxophyes orana*）

学 名：*Adoxophyes orana* Fisher von Roslerstamm

英文名：Reticulated tortrix

异 名：*Acleris reticulana*；*Adoxophyes congruana* Walker

分 布：在国外分布于欧洲、印度、日本等国。

寄 主：苹果、梨、山楂、桃、李、杏、梅、樱桃、枇杷、柑橘、柿、石榴、榆、杨、刺槐、丁香、棉花等。

形态特征：成虫体长6～8 mm，体黄褐色，前翅长方形，有2条深褐色斜纹形似"h"状，外侧比内侧的一条细。

出境植物检疫要求：《输往美国鲜苹果检验检疫要求》《输往加拿大苹果检验检疫要求》《输往墨西哥苹果检验检疫要求》《输往南非苹果检验检疫要求》《输往墨西哥鲜梨检验检疫要求》《输往南非梨检验检疫要求》《输往新西兰鲜梨检验检疫要求》《输往以色列沙梨和鸭梨检验检疫要求》《输往智利柑橘检验检疫要求》。

图4-14-1　苹小卷叶蛾为害叶片④

图4-14-2　苹小卷叶蛾成虫②

15　康氏粉蚧（*Pseudococcus comstocki*）

学　名：*Pseudococcus comstocki* Kuw.

英文名：Comstock mealybug

异　名：*Dactylopius comstocki* Kuwana，1902；*Pseudococcus comstocki* (Kuwana) Fernald，1903；*Pseudococcus grassi* Leon

分　布：在国外分布于加拿大、美国、墨西哥、澳大利亚、阿根廷、俄罗斯、摩尔多瓦、葡萄牙、乌克兰、阿富汗、朝鲜、韩国、日本、哈萨克斯坦、吉尔吉斯斯坦等国。

寄　主：柑橘属、山茶属、柠檬、柚、橙、咖啡属、胡萝卜、黄瓜、南瓜、荔枝、苹果属、梨属、葡萄属等。

形态特征：雌成虫椭圆形，较扁平，体长3～5 mm，粉红色，体被白色蜡粉，17对白色蜡刺，腹部末端1对几乎与体长相等。触角多为8节。腹裂1个，较大，椭圆形。肛环具6根肛环刺。臀瓣发达，其顶端生有1根臀瓣刺和几根长毛。

出境植物检疫要求：《输往南非苹果检验检疫要求》《输往美国沙梨检验检疫要求》《输往南非梨检验检疫要求》《输往新西兰鲜梨检验检疫要求》《输往澳大利亚梨检验检疫要求》《输往以色列砂梨和鸭梨检验检疫要求》《输往秘鲁柑橘检验检疫要求》《输往澳大利亚葡萄检验检疫要求》《输往澳大利亚核果（油桃、桃、李、杏）检验检疫要求》。

图4-15-1　康氏粉蚧为害叶片④

图4-15-2　康氏粉蚧④

16 葡萄粉蚧（*Pseudococcus maritimus*）

学　名：*Pseudococcus maritimus* (Ehrhorn)

英文名：Grape mealy bug

异　名：*Dactylopius maritimus*；*Dactylopius martimus* Ehrorn

分　布：在国外分布于美国、加拿大、百慕大群岛、墨西哥、危地马拉、阿根廷、巴西、智利、波兰、俄罗斯、格鲁吉亚、斯里兰卡、亚美尼亚、伊朗、印度尼西亚等国。

寄　主：苘麻、槭树、菠萝、山楂属、柑橘属、苹果属、桑属、梨属、葡萄属等。

形态特征：雌成虫体长4.5～4.8 mm，椭圆形，淡紫色，身被白色蜡粉，触角8节。雄成虫体长1～1.2 mm，灰黄色，翅透明，在阳光下有紫色光泽，触10节。各足胫节末端有2个刺，腹末有1对较长的针状刚毛。

出境植物检疫要求：《输往澳大利亚葡萄检验检疫要求》。

图4-16-1　葡萄粉蚧为害状④

图4-16-2　葡萄粉蚧成虫④

17 山楂叶螨（*Amphitetranychus viennensis*）

学　名：*Amphitetranychus viennensis* (Zacher, 1920)

异　名：*Amphitetranychus crataegi* (Hirst); *Amphitetranychus viennensis* Zacher

分　布：在国外分布于美国、加拿大、奥地利、保加利亚、德国、波兰、俄罗斯、乌克兰、西班牙、朝鲜、日本、伊朗等国。

寄　主：梨、苹果、桃、樱桃、山楂、杏、李等多种果树。

形态特征：雌成螨卵圆形，体长0.54～0.59 mm，冬型鲜红色，夏型暗红色。雄成螨体长0.35～0.45 mm，体末端尖削，橙黄色。体背两侧有黑绿色斑纹2条。

出境植物检疫要求：《输往阿根廷苹果检验检疫要求》《输往加拿大苹果检验检疫要求》《输往秘鲁苹果检验检疫要求》《输往南非苹果检验检疫要求》《输往澳大利亚苹果检验检疫要求》《输往美国砂梨检验检疫要求》《输往美国香梨检验检疫要求》《输往阿根廷鲜梨检验检疫要求》《输往加拿大鲜梨检验检疫要求》《输往秘鲁鲜梨检验检疫要求》《输往墨西哥鲜梨检验检疫要求》《输往南非梨检验检疫要求》《输往新西兰鲜梨检验检疫要求》《输往澳大利亚梨检验检疫要求》《输往以色列沙梨和鸭梨检验检疫要求》《输往澳大利亚核果（油桃、桃、李、杏）检验检疫要求》。

图4-17-1　山楂叶螨为害叶片[④]　　　图4-17-2　山楂叶螨[④]

18 梨木虱（*Cacopslla pyrisuga*）

学　名：*Cacopslla pyrisuga*（Forster）

异　名：*Psylla chinensis* Yang & Li，1981

分　布：在国外分布于日本。

寄　主：梨树。

形态特征：成虫体长2.5～3 mm，黄绿色、黄褐色、红褐色或黑褐色。额突白色，复眼黑色。触角褐色，末端2节黑色。胸部有深色纵条。前翅端部圆形，膜区透明，脉纹黄色。

出境植物检疫要求：《输往新西兰鲜梨检验检疫要求》《输往澳大利亚梨检验检疫要求》《输往以色列沙梨和鸭梨检验检疫要求》。

图4-18-1　梨木虱为害叶片[④]

图4-18-2　梨木虱成虫[④]

19 茶黄蓟马 (*Scirtothrips dorsalis*)

学　名：*Scirtothrips dorsalis* Hood

英文名：Assam thrips

异　名：*Anaphothrips andreae* Karny 1925；*Heliothrips minutissimus* Bagnall 1919

分　布：在国外分布于巴巴多斯、巴布亚新几内亚、巴基斯坦、波多黎各、菲律宾、柬埔寨、马来西亚、美国、缅甸、日本、圣卢西亚、斯里兰卡、苏里南、所罗门群岛、泰国、特立尼达和多巴哥、委内瑞拉、文莱、乌干达、牙买加、伊朗、以色列、印度、越南。

寄　主：茶、柑橘属、杧果、荔枝、烟草、红毛丹、番荔枝、葡萄、草莓、花生、辣椒、大叶相思、银杏、杜鹃、扶桑、桃、朱樱花、马缨丹、百日菊、荚蒾属、孔雀草、蓖麻、茄属、女贞属、含羞草、一品红等。

形态特征：成虫雌体长0.9～1.0 mm，雄0.8～0.9 mm，橙黄色或黄色。单眼鲜红色。触角8节，第1节淡黄色，第2节及第3～5节的基部常淡于体色。前翅浅灰色。腹部第2～8节背板前缘有褐色指甲痕暗斑，腹片第4～7节前缘有深褐色横线。

图4-19-1　茶黄蓟马玻片标本图③

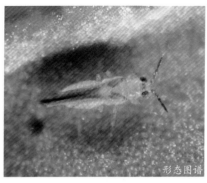

图4-19-2　茶黄蓟马③

*

第五章　其他

*

1 沙漠蝗（*Schistocerca gregaria*）

学　名：*Schistocerca gregaria* (Forskål, 1775)

英文名：Desert Locust

异　名：*Acridium flaviventre* Burmeister 1838；*Acridium peregrine*

分　布：在国外分布于非洲地区的阿尔及利亚、埃及、埃塞俄比亚、贝宁、布基纳法索、多哥、厄立特里亚、佛得角、冈比亚、刚果、刚果民主共和国、吉布提、几内亚、加纳、喀麦隆、肯尼亚、利比亚、马里、毛里求斯、毛里塔尼亚、摩洛哥、纳米比亚、南非、尼日尔、尼日利亚、塞内加尔、苏丹、索马里、坦桑尼亚、突尼斯、乌干达、西撒哈拉、乍得、中非共和国。欧洲的葡萄牙和西班牙。亚洲的土耳其、阿富汗、阿拉伯联合酋长国、阿曼、巴基斯坦、巴林、科威特、黎巴嫩、沙特阿拉伯、塔吉克斯坦、土库曼斯坦、乌兹别克斯坦、叙利亚、亚美尼亚、也门、伊拉克、伊朗、以色列、约旦、巴基斯坦、印度。

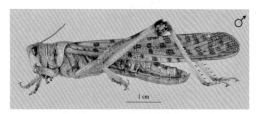

图5-1-1　沙漠蝗雄虫

寄　主：金合欢属、黄豆树、木豆、柑橘属、棉属、大麦、木薯、高粱、甘蔗、小麦、玉米等。

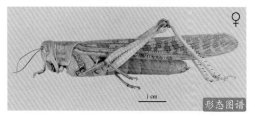

图5-1-2　沙漠蝗雌虫

形态特征：头顶短，略凹陷。复眼

---

* 图5-1-1和图5-1-2来自海关总署沙漠蝗形态和防治资料汇编。

大，卵形。触角到达或超过前胸背板的后缘。前胸腹板突圆锥状，直或微后倾。前、后翅狭长，明显超过后足股节的端部，后足股节很细长，后足胫节无外端刺，外缘具刺9~10个，内缘具刺10~11个。群居型体性成熟期呈鲜黄色，散居型性成熟期呈灰黄色或灰色。

② 草地贪夜蛾（*Spodoptera frugiperda*）

学　名：*Spodoptera frugiperda* J.E. Smith

英文名：Fall armyworm；Alfalfa worm

异　名：*Laphygma frugiperda* Guenee；*Phalaena frugiperda* Smith & Abbot

分　布：在国外分布于孟加拉国、日本、韩国、菲律宾、印度、缅甸、斯里兰卡、泰国、也门、安哥拉、贝宁、博茨瓦纳、布基纳法索、布隆迪、喀麦隆、佛得角、中非共和国、刚果（金）、刚果（布）、科特迪瓦、厄立特里亚、埃塞俄比亚、加蓬、冈比亚、加纳、几内亚、几内亚比绍、利比里亚、马达加斯、马拉维、马约特、莫桑比克、纳米比亚、尼日利亚、留尼汪、卢旺达、圣多美和普林西比、塞内加尔、塞舌尔、塞拉利昂、索马里、南非、南苏丹、苏丹、斯威士兰、坦桑尼亚、乌干达、赞比亚、津巴布韦、加拿大、墨西哥、美国、安圭拉、安提瓜和巴布达、巴哈马、巴巴多斯、伯利兹、英属维尔京群岛、开曼群岛、哥斯达黎加、古巴、多米尼克、多米尼加、萨尔瓦多、格林纳达、瓜德罗普岛、危地马拉、海地、洪都拉斯、牙买加、马提尼克岛、蒙特塞拉特、尼加拉瓜、巴拿马、波多黎各、圣基茨和尼维斯、圣卢西亚、圣文森特和格林纳丁斯、特立尼达和多巴哥、美属维尔京群岛、阿根廷、玻利维亚、巴西、智利、哥伦比亚、厄瓜多尔、法属圭亚那、巴拉圭、秘鲁、苏里南、乌拉圭、委内瑞拉等国。

寄　主：该害虫是一种杂食性昆虫，寄主范围非常广泛，有记录的超过80余种。常见的寄主有玉米、高粱、狗牙根、马唐属杂草等。

形态特征：雄性体长1.6 cm，翅展3.7 cm，前翅斑驳(亮褐色、灰色、草色)，有一中室，其中3/4部分为草

图5-2-1　草地贪夜蛾为害玉米

色，1/4部分为暗褐色。雌性体长1.7 cm，翅展3.8 cm，前翅斑驳（暗褐色、灰色），后翅为草色，边缘暗褐色。

图5-2-2　草地贪夜蛾

* 图5-2-1和图5-2-2来自海关总署沙漠蝗形态和防治资料汇编。

③ 散大蜗牛（*Helix aspersa*）

学　名：*Helix aspersa* Müller

英文名：Brown garden snail

异　名：*Cantareus aspersus*; *Cornu aspersum*; *Cryptomphalus asperses*

分　布：在国外分布于土耳其和黑海沿岸国家、阿尔及利亚、南非、那加利群岛、澳大利亚、英国、比利时、法国、德国、希腊、爱尔兰、意大利、葡萄牙、西班牙、海地、加拿大、墨西哥、美国、阿根廷、智利等国。

寄　主：散大蜗牛几乎以各种绿色植物为食，甘蓝、胡萝卜、花椰菜、芹菜、蚕豆、甜菜、球芽甘蓝、莴苣、饲料甜菜、洋葱、豌豆、萝卜、西红柿、芜菁、大麦、燕麦、小麦、金鱼草、紫苑、凤仙花、康乃馨、屈曲花、菊花、石竹属植物、大丽花属植物、翠雀花、蜀葵、翠雀、百合花、雏菊、木樨草、旱金莲、三色紫罗兰、钓钟柳、矮牵牛花、草夹竹桃属植物、紫罗兰、甜豌豆、马鞭草、鱼尾菊、苹果、杏、橘柑、桃、李、芙蓉、木兰、玫瑰等。

形态特征：贝壳大型，呈卵圆形或球形，壳质稍薄，不透明，有光泽。贝壳表面呈淡黄褐色，有稠密和细致的刻纹，并有多条（一般是5条）深褐色螺旋状的色带，阻断于与其相交叉的斑点或条纹处。贝壳有4.5～5个螺层。壳高29～33 mm，壳宽32～38 mm，壳面有明显的螺纹和生长线，螺旋部矮小，体螺层特膨大，

图5-3-1　散大蜗牛为害[①]

在前方向下倾斜，壳口位于其背面。壳口完整，卵圆形或新月形，口缘锋利。蜗牛体宽2.5 cm，呈黄褐色到绿褐色，头部和腹足爬行时伸展长度可达5～6 cm。从触角基部到贝壳之间有一条浅色的线条。

散大蜗牛为我国进境植物检疫性有害生物。

图5-3-2　散大蜗牛③

图5-3-3　散大蜗牛成
螺贝壳形态（背面观）③

图5-3-4　散大蜗牛成
螺贝壳形态（侧面观）③

图5-3-5　散大蜗牛成
螺贝壳形态（腹面观）③

4) 非洲大蜗牛（*Achatina fulica*）

学　名：*Achatina fulica* Bowditch

英文名：African giant snail

异　名：*Helix mauritiana* Lamarck；*Achatina couroupa* Lesson

分　布：在国外分布于萨摩亚群岛、圣诞岛、马里亚纳群岛、波尼西亚群岛、关岛、新西兰、巴布亚新几内亚、努瓦阿图、新喀里多尼亚、玛丽安娜岛北部、社会群岛、小笠原群岛、新赫布里群岛、沙捞越、帝文岛、爪哇、加里曼丹、图瓦卢、马绍尔群岛、印度、安达曼群岛、尼科巴群岛、西孟加拉湾、菲律宾、印度尼西亚、马来西亚、马尔代夫、新加坡、斯里兰卡、缅甸、越南、泰国、柬埔寨、老挝、土耳其、美国、危地马拉、马提

图5-4-1　非洲大蜗牛为害③

尼克岛、巴西、科特迪瓦、摩洛哥、马达加斯加、毛里求斯、留尼汪、塞舌尔、坦桑尼亚、科摩罗群岛、奔巴岛、加纳等国。

寄　主：木瓜、木薯、仙人掌、面包果、橡胶、可可、茶、柑橘、椰子、菠萝、香蕉、竹芋、番薯、花生、菜豆、落地生根、铁角蕨、谷类植物等。

形态特征：贝壳大型，壳质稍厚，有光泽，呈长卵圆形。壳高130 mm，壳宽54 mm。有6.5～8个螺层，螺旋部呈圆锥形，壳面为黄或深黄底色，带焦褐色雾状花纹。壳内为淡紫色或蓝白色。体壳口呈卵圆形，口缘简单、完整，外唇薄而锋利，易碎，内唇贴覆于体螺层上，形成"S"形的蓝白色胼胝部。螺体足部肌肉发达，背面呈暗棕黑色，跖面呈灰黄色，黏液无色。

非洲大蜗牛为我国进境植物检疫性有害生物。

图5-4-2　非洲大蜗牛成螺　　　图5-4-3　非洲大蜗牛
贝壳形态（正侧面观）③　　　成螺贝壳形态③

⑤ 地中海白蜗牛（*Cernuella virgata*）

学　名：*Cernuella virgata* (Da Costa，1778)

英文名：Vineyard snail

异　名：*Helix aglaometa* J.Mabille, 1882; *Helix alluvionum* Servain, 1880

分　布：在国外分布于爱尔兰、澳大利亚、摩洛哥、英国、荷兰、西班牙等国。

寄　主：杂食性。通过大麦、油菜籽等原粮船及谷物、橘子、木质包装物、集装箱、苗木等远距离传播。

形态特征：贝壳白色或微黄色，有时略带红色，通常在上部有2条褐色条带，下部有3～6条狭窄条带，有明显的圆锥形螺旋部，螺层6～7个。壳口一般为圆形，有中等厚度的内环肋。壳高6～19 mm，壳宽8～25 mm。

地中海白蜗牛为我国进境植物检疫性有害生物。

图5-5-1 地中海白蜗牛为害^①

图5-5-2 地中海白蜗牛^③

图5-5-3 地中海白蜗牛成螺
贝壳形态^③

附录

中华人民共和国进境植物检疫禁止进境物名录

（2018年6月7日）

禁止进境物	禁止进境的原因（防止传入的危险性病虫害）	禁止的国家或地区
玉米（*Zea mavs*）种子	玉米细菌性枯萎病菌 *Erwinia stewartii* (E. F. Smith)Dye	亚洲：越南、泰国；欧洲：独联体、波兰、瑞士、意大利、罗马尼亚、南斯拉夫；美洲：加拿大、美国、墨西哥
大豆（*Glycine max*）种子	大豆疫病菌*Phytophthora megasperma* (D.)f. sp. glycinea K.& E.	亚洲：日本；欧洲：英国、法国、独联体、德国；美洲：加拿大、美国；大洋洲：澳大利亚、新西兰
马铃薯（*Solanum tuberosum*）块茎及其繁殖材料	马铃薯黄矮病毒 Potato yellow dwarf virus 马铃薯帚顶病毒 Potato mop-top virus 马铃薯金线虫 *Clobodera rostochiensis* (Wollen.) Skarbilovich 马铃薯白线虫 *Globodera pallida* (stone) Mulvey & Stone 马铃薯癌肿病菌 *Synchytrium endobioticum* (Schilb.) Percival	亚洲：日本、印度、巴勒斯坦、黎巴嫩、尼泊尔、以色列、缅甸；欧洲：丹麦、挪威、瑞典、独联体、波兰、捷克、斯洛伐克、匈牙利、保加利亚、芬兰、冰岛、德国、奥地利、瑞士、荷兰、比利时、英国、爱尔兰、法国、西班牙、葡萄牙、意大利；非洲：突尼斯、阿尔及利亚、南非、肯尼亚、坦桑尼亚、津巴布韦；美洲：加拿大、美国、墨西哥、巴拿马、委内瑞拉、秘鲁、阿根廷、巴西、厄瓜多尔、玻利维亚、智利；大洋洲：澳大利亚、新西兰
榆属(*Ulmus* spp.)苗、插条	榆枯萎病菌*Ceratocystis ulmi* (Buisman) Moreall	亚洲：印度、伊朗、土耳其；欧洲：各国；美洲：加拿大、美国

续表

禁止进境物	禁止进境的原因（防止传入的危险性病虫害）	禁止的国家或地区
松属（*Pinus* spp.）苗、接惠穗	松材线虫*Bursaphelenchus Xylophilus*（Steiner & Buhrer）Nckle 松突圆蚧*Hemiberlesia pitysophila* Takagi	亚洲：朝鲜、日本、香港、澳门；欧洲：法国；美洲：加拿大、美国
橡胶属（*Hevea* spp.）芽、苗、籽	橡胶南美叶疫病菌*Microcyclus ulei* (P.henn.) Von Arx.	美洲：墨西哥、中美洲及南美洲各国
烟属（*Nicotiana* spp.）繁殖材料烟叶	烟霜霉病菌*Peronospora hyoscyami* de Bary f. sp. tabacia (Adem.) Skalicky	亚洲：缅甸、伊朗、也门、伊拉克、叙利亚、黎巴嫩、约旦、以色列、土耳其；欧洲：各国；美洲：加拿大、美国、墨西哥、危地马拉、萨尔瓦多、古巴、多米尼加、巴西、智利、阿根廷、乌拉圭；大洋洲：各国
小麦 (商品)	小麦矮腥黑穗病菌*Tilleiia Controversa* kuehn 小麦编腥黑穗病菌*Tilletia indica* Mitra	亚洲：印度、巴基斯坦、阿富汗、尼泊尔、伊朗、伊拉克、土耳其、沙特阿拉伯；欧洲：独联体、捷克、斯洛伐克、保加利亚、匈牙利、波兰（海乌姆、卢布林、普热梅布尔、热舒夫、塔尔诺布热格、扎莫希奇）、罗马尼亚、阿尔巴尼亚、南斯拉夫、德国、奥地利、比利时、瑞士、瑞典、意大利、法国（罗讷—阿尔卑斯）；非洲：利比亚、阿尔及利亚；美洲：乌拉圭、阿根廷（布宜诺斯艾利斯、圣非）巴西、墨西哥、加拿大、（安大略）、美国（华盛顿、怀俄明，蒙大拿、科罗拉多、爱达荷、俄勒冈、犹他及其他有小麦印度腥黑穗病发生的地区）。

禁止进境物	禁止进境的原因（防止传入的危险性病虫害）	禁止的国家或地区
水果及茄子辣椒、番茄果实	地中海实蝇*Ceratitis capitata* (Wiedemann)	亚洲：印度、伊朗、沙特阿拉伯、叙利亚、黎巴嫩、约旦、巴勒斯坦、以色列、塞浦路斯、土耳其；欧洲：匈牙利、德国、奥地利、比利时、法国、西班牙、葡萄牙、意大利、马耳他、南斯拉夫、阿尔巴尼亚、希腊；非洲：埃及、利比亚、突尼斯、阿尔及利亚、摩洛哥、塞内加尔、布基纳法素、马里、几内亚、塞拉利昂、利比里亚、加纳、多哥、贝宁、尼日尔、尼日利亚、喀麦隆、苏丹、埃塞俄比亚、肯尼亚、乌干达、坦桑尼亚、卢旺达、布隆迪、扎伊尔、安哥拉、赞比亚、马拉维、莫桑比克、马达加斯加、毛里求斯、留尼汪、津巴布韦、博茨瓦纳、南非；美洲：美国(包括夏威夷)、墨西哥、危地马拉、萨尔瓦多、洪都拉斯、尼加拉瓜、厄瓜多尔、哥斯达黎加、巴拿马、牙买加、委内瑞拉、秘鲁、巴西、玻利维亚、智利、阿根廷、乌拉圭、哥伦比亚；大洋洲：澳大利亚、新西兰(北岛)
植物病原体(包括菌种、毒种)、害虫生物体及其他转基因生物材料	根据《中华人民共和国进出境动植物检疫法》第5条规定	所有国家或地区
土壤	同上	所有国家或地区

注：因科学研究等特殊原因需要引进本表所列禁止进境的物品，必须事先提出申请，经海关总署批准。

中华人民共和国进境植物检疫性有害生物名录

（更新至2017年6月，441种）

昆虫

1. *Acanthocinus carinulatus* (Gebler)　　　　　　白带长角天牛

2. *Acanthoscelides obtectus* (Say)　　　　　　　　菜豆象

3. *Acleris variana* (Fernald)　　　　　　　　　黑头长翅卷蛾

4. *Agrilus* spp. (non-Chinese)　　　　　　窄吉丁（非中国种）

5. *Aleurodicus dispersus* Russell　　　　　　　　螺旋粉虱

6. *Anastrepha Schiner*　　　　　　　　　　　　　按实蝇属

7. *Anthonomus grandis* Boheman　　　　　　墨西哥棉铃象

8. *Anthonomus quadrigibbus* Say　　　　　　　　苹果花象

9. *Aonidiella comperei* McKenzie　　　　　　　香蕉肾盾蚧

10. *Apate monachus* Fabricius　　　　　　　　　咖啡黑长蠹

11. *Aphanostigma piri* (Cholodkovsky)　　　　　　梨矮蚜

12. *Arhopalus syriacus* Reitter　　　　　　　　辐射松幽天牛

13. *Bactrocera* Macquart　　　　　　　　　　　果实蝇属

14. *Baris granulipennis* (Tournier)　　　　　　　西瓜船象

15. *Batocera* spp. (non-Chinese)　　　　　白条天牛（非中国种）

16. *Brontispa longissima* (Gestro)　　　　　　　椰心叶甲

17. *Bruchidius incarnates* (Boheman)　　　　　　埃及豌豆象

18. *Bruchophagus roddi* Gussak　　　　　　　　苜蓿籽蜂

19. *Bruchus* spp. (non-Chinese)　　　　豆象（属）（非中国种）

20. *Cacoecimorpha pronubana* (Hübner)　　　　荷兰石竹卷蛾

21. *Callosobruchus* spp.［maculatus（F.）and non-Chinese］

　　　　　　　　　　瘤背豆象（四纹豆象和非中国种）

22. *Carpomya incompleta* (Becker)　　　　　　欧非枣实蝇

23. *Carpomya vesuviana* Costa　　　　　　　　枣实蝇

24. *Carulaspis juniperi* (Bouchè)　　　　　　松唐盾蚧

25. *Caulophilus oryzae* (Gyllenhal)　　　　　阔鼻谷象

26. *Ceratitis* Macleay　　　　　　　　　　　小条实蝇属

27. *Ceroplastes rusci* (L.)　　　　　　　　　无花果蜡蚧

28. *Chionaspis pinifoliae* (Fitch)　　　　　　松针盾蚧

29. *Choristoneura fumiferana* (Clemens)　　　云杉色卷蛾

30. *Conotrachelus* Schoenherr　　　　　　　鳄梨象属

31. *Contarinia sorghicola* (Coquillett)　　　　高粱瘿蚊

32. *Coptotermes* spp. (non-Chinese)　　　乳白蚁（非中国种）

33. *Craponius inaequalis* (Say)　　　　　　　葡萄象

34. *Crossotarsus* spp. (non-Chinese)　　异胫长小蠹（非中国种）

35. *Cryptophlebia leucotreta* (Meyrick)　　苹果异形小卷蛾

36. *Cryptorrhynchus lapathi* L.　　　　　　　杨干象

37. *Cryptotermes brevis* (Walker)　　　　　　麻头砂白蚁

38. *Ctenopseustis obliquana* (Walker)　　　　斜纹卷蛾

39. *Curculio elephas* (Gyllenhal)　　　　　　欧洲栗象

40. *Cydia janthinana* (Duponchel)　　　　　山楂小卷蛾

41. *Cydia packardi* (Zeller)　　　　　　　　樱小卷蛾

42. *Cydia pomonella* (L.)　　　　　　　　　苹果蠹蛾

43. *Cydia prunivora* (Walsh)　　　　　　　　杏小卷蛾

44. *Cydia pyrivora* (Danilevskii)　　　　　　梨小卷蛾

45. *Dacus* spp. (non-Chinese)　　　　寡鬃实蝇（非中国种）

46. *Dasineura mali* (Kieffer)　　　　　　　　苹果瘿蚊

47. *Dendroctonus* spp. (valens LeConte and non-Chinese)

大小蠹（红脂大小蠹和非中国种）

48. *Deudorix isocrates* Fabricius　　　　　石榴小灰蝶

49. *Diabrotica Chevrolat*　　　　　　　　根萤叶甲属

50. *Diaphania nitidalis* (Stoll)　　　　　黄瓜绢野螟

51. *Diaprepes abbreviata* (L.)　　　　　　蔗根象

52. *Diatraea saccharalis* (Fabricius)　　　小蔗螟

53. *Dryocoetes confusus* Swaine　　　　　混点毛小蠹

54. *Dysmicoccus grassi* Leonari　　　　　香蕉灰粉蚧

55. *Dysmicoccus neobrevipes* Beardsley　　新菠萝灰粉蚧

56. *Ectomyelois ceratoniae* (Zeller)　　　石榴螟

57. *Epidiaspis leperii* (Signoret)　　　　桃白圆盾蚧

58. *Eriosoma lanigerum*（Hausmann）　　苹果棉蚜

59. *Eulecanium gigantea* (Shinji)　　　　枣大球蚧

60. *Eurytoma amygdali* Enderlein　　　　扁桃仁蜂

61. *Eurytoma schreineri* Schreiner　　　　李仁蜂

62. *Gonipterus scutellatus* Gyllenhal　　　桉象

63. *Helicoverpa zea* (Boddie)　　　　　　谷实夜蛾

64. *Hemerocampa leucostigma* (Smith)　　合毒蛾

65. *Hemiberlesia pitysophila* Takagi　　　松突圆蚧

66. *Heterobostrychus aequalis* (Waterhouse)　双钩异翅长蠹

67. *Hoplocampa flava* (L.)　　　　　　　李叶蜂

68. *Hoplocampa testudinea* (Klug)　　　　苹叶蜂

69. *Hoplocerambyx spinicornis* (Newman)　刺角沟额天牛

70. *Hylobius pales* (Herbst)　　　　　　　苍白树皮象

71. *Hylotrupes bajulus* (L.)　　　　　　　家天牛

72. *Hylurgopinus rufipes* (Eichhoff)　　　美洲榆小蠹

73. *Hylurgus ligniperda* Fabricius　　　　　　长林小蠹

74. *Hyphantria cunea* (Drury)　　　　　　　　美国白蛾

75. *Hypothenemus hampei* (Ferrari)　　　　　　咖啡果小蠹

76. *Incisitermes minor* (Hagen)　　　　　　　　小楹白蚁

77. *Ips* spp. (non-Chinese)　　　　　　　齿小蠹（非中国种）

78. *Ischnaspis longirostris* (Signoret)　　　　　黑丝盾蚧

79. *Lepidosaphes tapleyi* Williams　　　　　　杧果蛎蚧

80. *Lepidosaphes tokionis* (Kuwana)　　　　　东京蛎蚧

81. *Lepidosaphes ulmi* (L.)　　　　　　　　　　榆蛎蚧

82. *Leptinotarsa decemlineata* (Say)　　　　　马铃薯甲虫

83. *Leucoptera coffeella* (Guérin-Méneville)　　咖啡潜叶蛾

84. *Liriomyza trifolii* (Burgess)　　　　　　　三叶斑潜蝇

85. *Lissorhoptrus oryzophilus* Kuschel　　　　　稻水象甲

86. *Listronotus bonariensis* (Kuschel)　　　　阿根廷茎象甲

87. *Lobesia botrana* (Denis et Schiffermuller)　葡萄花翅小卷蛾

88. *Mayetiola destructor* (Say)　　　　　　　　黑森瘿蚊

89. *Mercetaspis halli* (Green)　　　　　　　　霍氏长盾蚧

90. *Monacrostichus citricola* Bezzi　　　　　　桔实锤腹实蝇

91. *Monochamus* spp. (non-Chinese)　　　墨天牛（非中国种）

92. *Myiopardalis pardalina* (Bigot)　　　　　　甜瓜迷实蝇

93. *Naupactus leucoloma* (Boheman)　　　　　白缘象甲

94. *Neoclytus acuminatus* (Fabricius)　　　　黑腹尼虎天牛

95. *Opogona sacchari* (Bojer)　　　　　　　　蔗扁蛾

96. *Pantomorus cervinus* (Boheman)　　　　　玫瑰短喙象

97. *Parlatoria crypta* Mckenzie　　　　　　　灰白片盾蚧

98. *Pharaxonotha kirschi* Reither　　　　　　谷拟叩甲

99. *Phenacoccus manihoti* Matile-Ferrero

木薯绵粉蚧（2011年6月20日新增）

100. *Phenacoccus solenopsis* Tinsley

扶桑绵粉蚧（2009年2月3日新增）

101. *Phloeosinus cupressi* Hopkins — 美柏肤小蠹

102. *Phoracantha semipunctata* (Fabricius) — 桉天牛

103. *Pissodes* Germar — 木蠹象属

104. *Planococcus lilacius* Cockerell — 南洋臀纹粉蚧

105. *Planococcus minor* (Maskell) — 大洋臀纹粉蚧

106. *Platypus* spp. (non-Chinese) — 长小蠹（属）（非中国种）

107. *Popillia japonica* Newman — 日本金龟子

108. *Prays citri* Milliere — 橘花巢蛾

109. *Promecotheca cumingi* Baly — 椰子缢胸叶甲

110. *Prostephanus truncatus* (Horn) — 大谷蠹

111. *Ptinus tectus* Boieldieu — 澳洲蛛甲

112. *Quadrastichus erythrinae* Kim — 刺桐姬小蜂

113. *Reticulitermes lucifugus*（Rossi） — 欧洲散白蚁

114. *Rhabdoscelus lineaticollis* (Heller) — 褐纹甘蔗象

115. *Rhabdoscelus obscurus* (Boisduval) — 几内亚甘蔗象

116. *Rhagoletis* spp. (non-Chinese) — 绕实蝇（非中国种）

117. *Rhynchites aequatus* (L.) — 苹虎象

118. *Rhynchites bacchus* L. — 欧洲苹虎象

119. *Rhynchites cupreus* L. — 李虎象

120. *Rhynchites heros* Roelofs — 日本苹虎象

121. *Rhynchophorus ferrugineus* (Olivier) — 红棕象甲

122. *Rhynchophorus palmarum* (L.) — 棕榈象甲

123. *Rhynchophorus phoenicis* (Fabricius) — 紫棕象甲

124. *Rhynchophorus vulneratus* (Panzer)   亚棕象甲

125. *Sahlbergella singularis* Haglund   可可盲蝽象

126. *Saperda* spp. (non-Chinese)   楔天牛（非中国种）

127. *Scolytus multistriatus* (Marsham)   欧洲榆小蠹

128. *Scolytus scolytus* (Fabricius)   欧洲大榆小蠹

129. *Scyphophorus acupunctatus* Gyllenhal   剑麻象甲

130. *Selenaspidus articulatus* Morgan   刺盾蚧

131. *Sinoxylon* spp. (non-Chinese)   双棘长蠹（非中国种）

132. *Sirex noctilio* Fabricius   云杉树蜂

133. *Solenopsis invicta* Buren   红火蚁

134. *Spodoptera littoralis*（Boisduval）   海灰翅夜蛾

135. *Stathmopoda skelloni* Butler   猕猴桃举肢蛾

136. *Sternochetus* Pierce   杧果象属

137. *Taeniothrips inconsequens* (Uzel)   梨蓟马

138. *Tetropium* spp. (non-Chinese)   断眼天牛（非中国种）

139. *Thaumetopoea pityocampa* (Denis et Schiffermuller)   松异带蛾

140. *Toxotrypana curvicauda* Gerstaecker   番木瓜长尾实蝇

141. *Tribolium destructor* Uyttenboogaart   褐拟谷盗

142. *Trogoderma* spp. (non-Chinese)   斑皮蠹（非中国种）

143. *Vesperus Latreile*   暗天牛属

144. *Vinsonia stellifera* (Westwood)   七角星蜡蚧

145. *Viteus vitifoliae* (Fitch)   葡萄根瘤蚜

146. *Xyleborus* spp. (non-Chinese)   材小蠹（非中国种）

147. *Xylotrechus rusticus* L.   青杨脊虎天牛

148. *Zabrotes subfasciatus* (Boheman)   巴西豆象

软体动物

149. *Achatina fulica* Bowdich   非洲大蜗牛

150. *Acusta despecta* Gray   琉球球壳蜗牛

151. *Cepaea hortensis* Müller   花园葱蜗牛

152. *Cernuella virgata* Da Costa   地中海白蜗牛（2012年9月17日新增）

153. *Helix aspersa* Müller   散大蜗牛

154. *Helix pomatia* Linnaeus   盖罩大蜗牛

155. *Theba pisana* Müller   比萨茶蜗牛

真菌

156. *Albugo tragopogi* (Persoon) Schröter var. helianthi Novotelnova

                                                      向日葵白锈病菌

157. *Alternaria triticina* Prasada et Prabhu   小麦叶疫病菌

158. *Anisogramma anomala*（Peck）E. Muller   榛子东部枯萎病菌

159. *Apiosporina morbosa* (Schweinitz) von Arx   李黑节病菌

160. *Atropellis pinicola* Zaller et Goodding   松生枝干溃疡病菌

161. *Atropellis piniphila* (Weir) Lohman et Cash   嗜松枝干溃疡病菌

162. *Botryosphaeria laricina* (K.Sawada) Y.Zhong   落叶松枯梢病菌

163. *Botryosphaeria stevensii* Shoemaker   果壳色单隔孢溃疡病菌

164. *Cephalosporium gramineum* Nisikado et Ikata   麦类条斑病菌

165. *CephalosporiuLm maydis* Samra, Sabet et Hingorani   玉米晚枯病菌

166. *Cephalosporium sacchari* E.J. Butler et Hafiz Khan   甘蔗凋萎病菌

167. *Ceratocystis fagacearum* (Bretz) Hunt   栎枯萎病菌

168. *Chalara fraxinea* T. Kowalski   白蜡鞘孢菌（2013.3.6新增）

169. *Chrysomyxa arctostaphyli* Dietel   云杉帚锈病菌

170. *Ciborinia camelliae* Kohn   山茶花腐病菌

171. *Cladosporium cucumerinum* Ellis et Arthur   黄瓜黑星病菌

172. *Colletotrichum kahawae* J.M. Waller et Bridge　　咖啡浆果炭疽病菌

173. *Crinipellis perniciosa* (Stahel) Singer　　　　　可可丛枝病菌

174. *Cronartium coleosporioides* J.C.Arthur　　　　　油松疱锈病菌

175. *Cronartium comandrae* Peck　　　　　　　　　北美松疱锈病菌

176. *Cronartium conigenum* Hedgcock et Hunt　　　　松球果锈病菌

177. *Cronartium fusiforme* Hedgcock et Hunt ex Cummins

　　　　　　　　　　　　　　　　　　　　　松纺锤瘤锈病菌

178. *Cronartium ribicola* J.C.Fisch.　　　　　　　　松疱锈病菌

179. *Cryphonectria cubensis* (Bruner) Hodges　　　　桉树溃疡病菌

180. *Cylindrocladium parasiticum* Crous, Wingfield et Alfenas

　　　　　　　　　　　　　　　　　　　　　花生黑腐病菌

181. *Diaporthe helianthi* Muntanola-Cvetkovic Mihaljcevic et Petrov

　　　　　　　　　　　　　　　　　　向日葵茎溃疡病菌

182. *Diaporthe perniciosa* É.J. Marchal　　　　　苹果果腐病菌

183. *Diaporthe phaseolorum* (Cooke et Ell.) Sacc. var. caulivora Athow et Caldwell

　　　　　　　　　　　　　　　　　大豆北方茎溃疡病菌

184. *Diaporthe phaseolorum* (Cooke et Ell.) Sacc. var. meridionalis F.A. Fernandez

　　　　　　　　　　　　　　　　　大豆南方茎溃疡病菌

185. *Diaporthe vaccinii* Shear　　　　　　　　　蓝莓果腐病菌

186. *Didymella ligulicola* (K.F.Baker, Dimock et L.H.Davis) von Arx

　　　　　　　　　　　　　　　　　　　菊花花枯病菌

187. *Didymella lycopersici* Klebahn　　　　番茄亚隔孢壳茎腐病菌

188. *Endocronartium harknessii* (J.P.Moore) Y.Hiratsuka　　松瘤锈病菌

189. *Eutypa lata* (Pers.) Tul. et C. Tul.　　　　　葡萄藤猝倒病菌

190. *Fusarium circinatum* Nirenberg et O'Donnell　　松树脂溃疡病菌

191. *Fusarium oxysporum* Schlecht. f.sp. apii Snyd. et Hans

　　　　　　　　　　　　　　　　　　　　　芹菜枯萎病菌

192. *Fusarium oxysporum* Schlecht. f.sp. asparagi Cohen et Heald

芦笋枯萎病菌

193. *Fusarium oxysporum* Schlecht. f.sp. cubense (E.F.Sm.) Snyd.et Hans

(Race 4 non-Chinese races)

香蕉枯萎病菌（4号小种和非中国小种）

194. *Fusarium oxysporum* Schlecht. f.sp. elaeidis Toovey　油棕枯萎病菌

195. *Fusarium oxysporum* Schlecht. f.sp. fragariae Winks et Williams

草莓枯萎病菌

196. *Fusarium tucumaniae* T.Aoki, O'Donnell, Yos.Homma et Lattanzi

南美大豆猝死综合征病菌

197. *Fusarium virguliforme* O'Donnell et T.Aoki

北美大豆猝死综合征病菌

198. *Gaeumannomyces graminis* (Sacc.) Arx et D. Olivier var. avenae

(E.M. Turner) Dennis　　　　燕麦全蚀病菌

199. *Greeneria uvicola* (Berk. et M.A.Curtis) Punithalingam

葡萄苦腐病菌

200. *Gremmeniella abietina* (Lagerberg) Morelet　冷杉枯梢病菌

201. *Gymnosporangium clavipes* (Cooke et Peck) Cooke et Peck

榲桲锈病菌

202. *Gymnosporangium fuscum* R. Hedw.　　欧洲梨锈病菌

203. *Gymnosporangium globosum* (Farlow) Farlow　美洲山楂锈病菌

204. *Gymnosporangium juniperi-virginianae* Schwein　美洲苹果锈病菌

205. *Helminthosporium solani* Durieu et Mont.　马铃薯银屑病菌

206. *Hypoxylon mammatum* (Wahlenberg) J. Miller　杨树炭团溃疡病菌

207. *Inonotus weirii* (Murrill) Kotlaba et Pouzar　松干基褐腐病菌

208. *Leptosphaeria libanotis* (Fuckel) Sacc.　胡萝卜褐腐病菌

209. *Leptosphaeria lindquistii* Frezzi，无性态：*Phoma macdonaldii* Boerma

向日葵黑茎病（2010年10月20日新增）

210. *Leptosphaeria maculans* (Desm.) Ces. et De Not.

十字花科蔬菜黑胫病菌

211. *Leucostoma cincta* (Fr.:Fr.) Hohn.　　　　　苹果溃疡病菌

212. *Melampsora farlowii* (J.C.Arthur) J.J.Davis　　铁杉叶锈病菌

213. *Melampsora medusae* Thumen　　　　　　　杨树叶锈病菌

214. *Microcyclus ulei* (P.Henn.) von Arx　　　橡胶南美叶疫病菌

215. *Monilinia fructicola* (Winter) Honey　　美澳型核果褐腐病菌

216. *Moniliophthora roreri* (Ciferri et Parodi) Evans

可可链疫孢荚腐病菌

217. *Monosporascus cannonballus* Pollack et Uecker　甜瓜黑点根腐病菌

218. *Mycena citricolor* (Berk. et Curt.) Sacc.　　咖啡美洲叶斑病菌

219. *Mycocentrospora acerina* (Hartig) Deighton　　香菜腐烂病菌

220. *Mycosphaerella dearnessii* M.E.Barr　　　　松针褐斑病菌

221. *Mycosphaerella fijiensis* Morelet　　　　香蕉黑条叶斑病菌

222. *Mycosphaerella gibsonii* H.C.Evans　　　　松针褐枯病菌

223. *Mycosphaerella linicola* Naumov　　　　　亚麻褐斑病菌

224. *Mycosphaerella musicola* J.L.Mulder　　香蕉黄条叶斑病菌

225. *Mycosphaerella pini* E.Rostrup　　　　　　松针红斑病菌

226. *Nectria rigidiuscula* Berk.et Broome　　　　可可花瘿病菌

227. *Ophiostoma novo-ulmi* Brasier　　　　　　新榆枯萎病菌

228. *Ophiostoma ulmi* (Buisman) Nannf.　　　　榆枯萎病菌

229. *Ophiostoma wageneri* (Goheen et Cobb) Harrington

针叶松黑根病菌

230. *Ovulinia azaleae* Weiss　　　　　　　　杜鹃花枯萎病菌

231. *Periconia circinata*（M.Mangin）Sacc.　　高粱根腐病菌

232. *Peronosclerospora* spp. (non-Chinese) 玉米霜霉病菌（非中国种）

233. *Peronospora farinosa* (Fries: Fries) Fries f.sp. betae Byford

甜菜霜霉病菌

234. *Peronospora hyoscyami* de Bary f.sp. tabacina (Adam) Skalicky

烟草霜霉病菌

235. *Pezicula malicorticis* (Jacks.) Nannfeld　　苹果树炭疽病菌

236. *Phaeoramularia angolensis* (T.Carvalho et O. Mendes)P.M. Kirk

柑橘斑点病菌

237. *Phellinus noxius* (Corner) G.H.Cunn.　　木层孔褐根腐病菌

238. *Phialophora gregata* (Allington et Chamberlain) W.Gams

大豆茎褐腐病菌

239. *Phialophora malorum* (Kidd et Beaum.) McColloch　　苹果边腐病菌

240. *Phoma exigua* Desmazières f.sp. foveata (Foister) Boerema

马铃薯坏疽病菌

241. *Phoma glomerata* (Corda) Wollenweber et Hochapfel　　葡萄茎枯病菌

242. *Phoma pinodella* (L.K. Jones) Morgan-Jones et K.B. Burch

豌豆脚腐病菌

243. *Phoma tracheiphila* (Petri) L.A. Kantsch. et Gikaschvili

柠檬干枯病菌

244. *Phomopsis sclerotioides* van Kesteren　　黄瓜黑色根腐病菌

245. *Phymatotrichopsis omnivora* (Duggar) Hennebert　　棉根腐病菌

246. *Phytophthora cambivora* (Petri) Buisman　　栗疫霉黑水病菌

247. *Phytophthora erythroseptica* Pethybridge　　马铃薯疫霉绯腐病菌

248. *Phytophthora fragariae* Hickman　　草莓疫霉红心病菌

249. Phytophthora fragariae Hickman var. rubi W.F. Wilcox et J.M. Duncan

树莓疫霉根腐病菌

250. *Phytophthora hibernalis* Carne　　　　柑橘冬生疫霉褐腐病菌

251. *Phytophthora lateralis* Tucker et Milbrath　　雪松疫霉根腐病菌

252. *Phytophthora medicaginis* E.M. Hans. et D.P. Maxwell

苜蓿疫霉根腐病菌

253. *Phytophthora phaseoli* Thaxter　　　　　菜豆疫霉病菌

254. *Phytophthora ramorum* Werres, De Cock et Man in't Veld

栎树猝死病菌

255. *Phytophthora sojae* Kaufmann et Gerdemann　　大豆疫霉病菌

256. *Phytophthora syringae* (Klebahn) Klebahn　　丁香疫霉病菌

257. *Polyscytalum pustulans* (M.N. Owen et Wakef.) M.B.Ellis

马铃薯皮斑病菌

258. *Protomyces macrosporus* Unger　　　　香菜茎瘿病菌

259. *Pseudocercosporella herpotrichoides* (Fron) Deighton　小麦基腐病菌

260. *Pseudopezicula tracheiphila* (Müller-Thurgau) Korf et Zhuang

葡萄角斑叶焦病菌

261. *Puccinia pelargonii-zonalis* Doidge　　　天竺葵锈病菌

262. *Pycnostysanus azaleae* (Peck) Mason　　　杜鹃芽枯病菌

263. *Pyrenochaeta terrestris* (Hansen) Gorenz, Walker et Larson

洋葱粉色根腐病菌

264. *Pythium splendens* Braun　　　　　　油棕猝倒病菌

265. *Ramularia beticola* Fautr. et Lambotte　　　甜菜叶斑病菌

266. *Rhizoctonia fragariae* Husain et W.E.McKeen　草莓花枯病菌

267. *Rigidoporus lignosus* (Klotzsch) Imaz.　　橡胶白根病菌

268. *Sclerophthora rayssiae* Kenneth, Kaltin et Wahl var. zeae Payak et Renfro

玉米褐条霜霉病菌

269. *Septoria petroselini* (Lib.) Desm.   欧芹壳针孢叶斑病菌

270. *Sphaeropsis pyriputrescens* Xiao et J. D. Rogers

     苹果球壳孢腐烂病菌

271. *Sphaeropsis tumefaciens* Hedges   柑橘枝瘤病菌

272. *Stagonospora avenae* Bissett f. sp. triticea T. Johnson

     麦类壳多胞斑点病菌

273. *Stagonospora sacchari* Lo et Ling   甘蔗壳多胞叶枯病菌

274. *Synchytrium endobioticum* (Schilberszky) Percival 马铃薯癌肿病菌

275. *Thecaphora solani* (Thirumalachar et M.J.O'Brien) Mordue

     马铃薯黑粉病菌

276. *Tilletia controversa* Kühn   小麦矮腥黑穗病菌

277. *Tilletia indica* Mitra   小麦印度腥黑穗病菌

278. *Urocystis cepulae* Frost   葱类黑粉病菌

279. *Uromyces transversalis* (Thümen) Winter   唐菖蒲横点锈病菌

280. *Venturia inaequalis* (Cooke) Winter   苹果黑星病菌

281. *Verticillium albo-atrum* Reinke et Berthold   苜蓿黄萎病菌

282. *Verticillium dahliae* Kleb.   棉花黄萎病菌

原核生物

283. *Acidovorax avenae* subsp. *cattleyae* (Pavarino) Willems et al.

     兰花褐斑病菌

284. *Acidovorax avenae* subsp. *citrulli* (Schaad et al.) Willems et al.

     瓜类果斑病菌

285. *Acidovorax konjaci* (Goto) Willems et al.   魔芋细菌性叶斑病菌

286. Alder yellows phytoplasma   桤树黄化植原体

287. Apple proliferation phytoplasma   苹果丛生植原体

288. Apricot chlorotic leafroll phtoplasma   杏褪绿卷叶植原体

289. Ash yellows phytoplasma 白蜡树黄化植原体

290. Blueberry stunt phytoplasma 蓝莓矮化植原体

291. *Burkholderia caryophylli* (Burkholder) Yabuuchi et al.

香石竹细菌性萎蔫病菌

292. *Burkholderia gladioli* pv. alliicola (Burkholder) Urakami et al.

洋葱腐烂病菌

293. *Burkholderia glumae* (Kurita et Tabei) Urakami et al.

水稻细菌性谷枯病菌

294. *Candidatus Liberobacter africanum* Jagoueix et al.

非洲柑桔黄龙病菌

295. *Candidatus Liberobacter asiaticum* Jagoueix et al.

亚洲柑桔黄龙病菌

296. *Candidatus* Phytoplasma australiense 澳大利亚植原体候选种

297. *Clavibacter michiganensis* subsp. *insidiosus* (McCulloch) Davis et al.

苜蓿细菌性萎蔫病菌

298. *Clavibacter michiganensis* subsp. *michiganensis* (Smith) Davis et al.

番茄溃疡病菌

299. *Clavibacter michiganensis* subsp. *nebraskensis* (Vidaver et al.) Davis et al.

玉米内州萎蔫病菌

300. *Clavibacter michiganensis* subsp. *sepedonicus* (Spieckermann et al.) Davis et al.

马铃薯环腐病菌

301. Coconut lethal yellowing phytoplasma 椰子致死黄化植原体

302. *Curtobacterium flaccumfaciens pv.* flaccumfaciens (Hedges) Collins et Jones

菜豆细菌性萎蔫病菌

303. *Curtobacterium flaccumfaciens* pv. oortii (Saaltink et al.) Collins et Jones

郁金香黄色疱斑病菌

304. Elm phloem necrosis phytoplasma 榆韧皮部坏死植原体

305. *Enterobacter cancerogenus* (Urosevi) Dickey et Zumoff

        杨树枯萎病菌

306. *Erwinia amylovora* (Burrill) Winslow et al.   梨火疫病菌

307. *Erwinia chrysanthemi* Burkhodler et al.   菊基腐病菌

308. *Erwinia pyrifoliae* Kim, Gardan, Rhim et Geider   亚洲梨火疫病菌

309. Grapevine flavescence dorée phytoplasma   葡萄金黄化植原体

310. Lime witches' broom phytoplasma   来檬丛枝植原体

311. *Pantoea stewartii* subsp. *stewartii* (Smith) Mergaert et al.

        玉米细菌性枯萎病菌

312. Peach X-disease phytoplasma   桃X病植原体

313. Pear decline phytoplasma   梨衰退植原体

314. Potato witches' broom phytoplasma   马铃薯丛枝植原体

315. *Pseudomonas savastanoi* pv. *phaseolicola* (Burkholder) Gardan et al.

        菜豆晕疫病菌

316. *Pseudomonas syringae* pv. *morsprunorum* (Wormald) Young et al.

        核果树溃疡病菌

317. *Pseudomonas syringae* pv. *persicae* (Prunier et al.) Young et al.

        桃树溃疡病菌

318. *Pseudomonas syringae* pv. *pisi* (Sackett) Young et al.

        豌豆细菌性疫病菌

319. *Pseudomonas syringae* pv. *maculicola* (McCulloch) Young et al

        十字花科黑斑病菌

320. *Pseudomonas syringae* pv. *tomato* (Okabe) Young et al.

        番茄细菌性叶斑病菌

321. *Ralstonia solanacearum* (Smith) Yabuuchi et al.（race 2）

        香蕉细菌性枯萎病菌（2号小种）

322. *Rathayibacter rathayi* (Smith) Zgurskaya et al.   鸭茅蜜穗病菌

323. *Spiroplasma citri* Saglio et al.　　　　柑橘顽固病螺原体

324. Strawberry multiplier phytoplasma　　草莓簇生植原体

325. *Xanthomonas albilineans*（Ashby）Dowson　　甘蔗白色条纹病菌

326. *Xanthomonas arboricola* pv. *celebensis*（Gaumann）Vauterin et al.

香蕉坏死条纹病菌

327. *Xanthomonas axonopodis* pv. *betlicola*（Patel et al.）Vauterin et al.

胡椒叶斑病菌

328. *Xanthomonas axonopodis* pv. *citri*（Hasse）Vauterin et al.

柑橘溃疡病菌

329. *Xanthomonas axonopodis* pv. *manihotis*（Bondar）Vauterin et al.

木薯细菌性萎蔫病菌

330. *Xanthomonas axonopodis* pv. *vasculorum*（Cobb）Vauterin et al.

甘蔗流胶病菌

331. *Xanthomonas campestris* pv. *mangiferaeindicae*（Patel et al.）Robbs et al.

芒果黑斑病菌

332. *Xanthomonas campestris* pv. *musacearum*（Yirgou et Bradbury）Dye

香蕉细菌性萎蔫病菌

333. *Xanthomonas cassavae*（ex Wiehe et Dowson）Vauterin et al.

木薯细菌性叶斑病菌

334. *Xanthomonas fragariae* Kennedy et King　　草莓角斑病菌

335. *Xanthomonas hyacinthi*（Wakker）Vauterin et al.　风信子黄腐病菌

336. *Xanthomonas oryzae* pv. *oryzae*（Ishiyama）Swings et al.

水稻白叶枯病菌

337. *Xanthomonas oryzae* pv. *oryzicola*（Fang et al.）Swings et al.

水稻细菌性条斑病菌

338. *Xanthomonas populi*（ex Ride）Ride et Ride　杨树细菌性溃疡病菌

339. *Xylella fastidiosa* Wells et al.　　　　木质部难养细菌

340. *Xylophilus ampelinus* (Panagopoulos) Willems et al.

葡萄细菌性疫病菌

线虫

341. *Anguina agrostis* (Steinbuch) Filipjev 剪股颖粒线虫

342. *Aphelenchoides fragariae* (Ritzema Bos) Christie 草莓滑刃线虫

343. *Aphelenchoides ritzemabosi* (Schwartz) Steiner et Bührer

菊花滑刃线虫

344. *Bursaphelenchus cocophilus* (Cobb) Baujard 椰子红环腐线虫

345. *Bursaphelenchus xylophilus* (Steiner et Bührer) Nickle 松材线虫

346. *Ditylenchus angustus* (Butler) Filipjev 水稻茎线虫

347. *Ditylenchus destructor* Thorne 腐烂茎线虫

348. *Ditylenchus dipsaci* (Kühn) Filipjev 鳞球茎茎线虫

349. *Globodera pallida* (Stone) Behrens 马铃薯白线虫

350. *Globodera rostochiensis* (Wollenweber) Behrens 马铃薯金线虫

351. *Heterodera schachtii* Schmidt 甜菜胞囊线虫

352. *Longidorus* (Filipjev) Micoletzky（The species transmit viruses）

长针线虫属（传毒种类）

353. *Meloidogyne* Goeldi (non-Chinese species)

根结线虫属（非中国种）

354. *Nacobbus abberans* (Thorne) Thorne et Allen 异常珍珠线虫

355. *Paralongidorus maximus* (Bütschli) Siddiqi 最大拟长针线虫

356. *Paratrichodorus* Siddiqi （ The species transmit viruses ）

拟毛刺线虫属（传毒种类）

357. *Pratylenchus* Filipjev (non-Chinese species) 短体线虫 (非中国种)

358. *Radopholus similis* (Cobb) Thorne 香蕉穿孔线虫

359. *Trichodorus* Cobb（The species transmit viruses）

毛刺线虫属（传毒种类）

360. *Xiphinema* Cobb（The species transmit viruses）

剑线虫属（传毒种类）

病毒及类病毒

361. *African cassava mosaic virus*, ACMV　　非洲木薯花叶病毒（类）

362. *Apple stem grooving virus*, ASPV　　　苹果茎沟病毒

363. *Arabis mosaic virus*, ArMV　　　　　南芥菜花叶病毒

364. *Banana bract mosaic virus*, BBrMV　　香蕉苞片花叶病毒

365. *Bean pod mottle virus*, BPMV　　　　菜豆荚斑驳病毒

366. *Broad bean stain virus*, BBSV　　　　蚕豆染色病毒

367. *Cacao swollen shoot virus*, CSSV　　　可可肿枝病毒

368. *Carnation ringspot virus*, CRSV　　　香石竹环斑病毒

369. *Cotton leaf crumple virus*, CLCrV　　棉花皱叶病毒

370. *Cotton leaf curl virus*, CLCuV　　　　棉花曲叶病毒

371. *Cowpea severe mosaic virus*, CPSMV　豇豆重花叶病毒

372. *Cucumber green mottle mosaic virus*, CGMMV

黄瓜绿斑驳花叶病毒

373. *Maize chlorotic dwarf virus*, MCDV　玉米褪绿矮缩病毒

374. *Maize chlorotic mottle virus*, MCMV　玉米褪绿斑驳病毒

375. *Oat mosaic virus*, OMV　　　　　　燕麦花叶病毒

376. *Peach rosette mosaic virus*, PRMV　　桃丛簇花叶病毒

377. *Peanut stunt virus*, PSV　　　　　　花生矮化病毒

378. *Plum pox virus*, PPV　　　　　　　李痘病毒

379. *Potato mop-top virus*, PMTV　　　　马铃薯帚顶病毒

380. *Potato virus A*, PVA　　　　　　　马铃薯A病毒

381. *Potato virus V*, PVV   马铃薯V病毒

382. *Potato yellow dwarf virus*, PYDV   马铃薯黄矮病毒

383. *Prunus necrotic ringspot virus*, PNRSV   李属坏死环斑病毒

384. *Southern bean mosaic virus*, SBMV   南方菜豆花叶病毒

385. *Sowbane mosaic virus*, SoMV   藜草花叶病毒

386. *Strawberry latent ringspot virus*, SLRSV   草莓潜隐环斑病毒

387. *Sugarcane streak virus*, SSV   甘蔗线条病毒

388. *Tobacco ringspot virus*, TRSV   烟草环斑病毒

389. *Tomato black ring virus*, TBRV   番茄黑环病毒

390. *Tomato ringspot virus*, ToRSV   番茄环斑病毒

391. *Tomato spotted wilt virus*, TSWV   番茄斑萎病毒

392. *Wheat streak mosaic virus*, WSMV   小麦线条花叶病毒

393. *Apple fruit crinkle viroid*, AFCVd   苹果皱果类病毒

394. *Avocado sunblotch viroid*, ASBVd   鳄梨日斑类病毒

395. *Coconut cadang-cadang viroid*, CCCVd   椰子死亡类病毒

396. *Coconut tinangaja viroid*, CTiVd   椰子败生类病毒

397. *Hop latent viroid*, HLVd   啤酒花潜隐类病毒

398. *Pear blister canker viroid*, PBCVd   梨疱症溃疡类病毒

399. *Potato spindle tuber viroid*, PSTVd   马铃薯纺锤块茎类病毒

杂草

400. *Aegilops cylindrica* Horst   具节山羊草

401. *Aegilops squarrosa* L.   节节麦

402. *Ambrosia* spp.   豚草（属）

403. *Ammi majus* L.   大阿米芹

404. *Avena barbata* Brot.   细茎野燕麦

405. *Avena ludoviciana* Durien   法国野燕麦

406. *Avena sterilis* L. 不实野燕麦

407. *Bromus rigidus* Roth 硬雀麦

408. *Bunias orientalis* L. 疣果匙荠

409. *Caucalis latifolia* L. 宽叶高加利

410. *Cenchrus* spp. (non-Chinese species) 蒺藜草（属）（非中国种）

411. *Centaurea diffusa* Lamarck 铺散矢车菊

412. *Centaurea repens* L. 匍匐矢车菊

413. *Crotalaria spectabilis* Roth 美丽猪屎豆

414. *Cuscuta* spp. 菟丝子（属）

415. *Emex australis* Steinh. 南方三棘果

416. *Emex spinosa* (L.) Campd. 刺亦模

417. *Eupatorium adenophorum* Spreng. 紫茎泽兰

418. *Eupatorium odoratum* L. 飞机草

419. *Euphorbia dentata* Michx. 齿裂大戟

420. *Flaveria bidentis* (L.) Kuntze 黄顶菊

421. *Ipomoea pandurata* (L.) G.F.W.Mey. 提琴叶牵牛花

422. *Iva axillaris* Pursh 小花假苍耳

423. *Iva xanthifolia* Nutt. 假苍耳

424. *Knautia arvensis* (L.) Coulter 欧洲山萝卜

425. *Lactuca pulchella* (Pursh) DC. 野莴苣

426. *Lactuca serriola* L. 毒莴苣

427. *Lolium temulentum* L. 毒麦

428. *Mikania micrantha* Kunth 薇甘菊

429. *Orobanche* spp. 列当（属）

430. *Oxalis latifolia* Kubth 宽叶酢浆草

431. *Senecio jacobaea* L. 臭千里光

432. *Solanum carolinense* L. 北美刺龙葵

433. *Solanum elaeagnifolium* Cay.   银毛龙葵

434. *Solanum rostratum* Dunal.   刺萼龙葵

435. *Solanum torvum* Swartz   刺茄

436. *Sorghum almum* Parodi.   黑高粱

437. *Sorghum halepense* (L.) Pers. (Johnsongrass and its cross breeds)

假高粱（及其杂交种）

438. *Striga* spp. (non-Chinese species)   独脚金（属）（非中国种）

439. *Subgen Acnida* L.   异株苋亚属（2011年6月20日新增）

440. *Tribulus alatus* Delile   翅蒺藜

441. *Xanthium* spp. (non-Chinese species)   苍耳（属）（非中国种）

拉丁名索引

中文名索引